JN139688

星・月・太陽、
天体別機材選びから徹底解説

天体写真の教科書

牛山俊男 著

誠文堂新光社

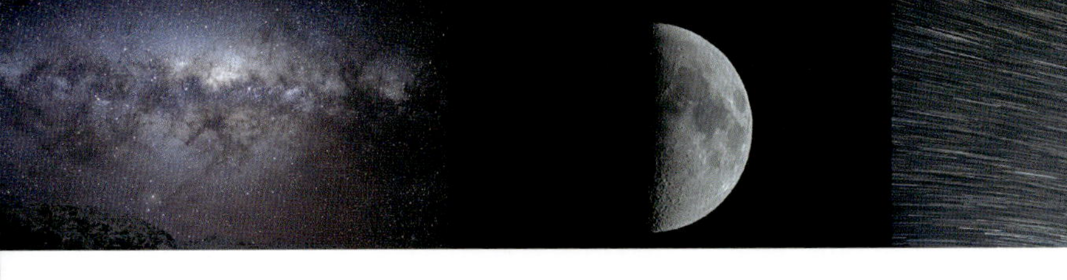

目次
contents

1 天体写真のきほん 5

天体写真とは …… 6
天体写真撮影の種類 …… 8
天体写真撮影向きのカメラ …… 10
コンパクトデジタルカメラの名称 …… 12
デジタル一眼レフカメラの名称 …… 14
ミラーレス一眼カメラの名称 …… 16

2 カメラのきほん 17

イメージセンサーとは …… 18
カメラ本体の設定項目 …… 20
記録形式と画像サイズ …… 22
撮影モード（ピクチャースタイル） …… 24
色温度 …… 26
ホワイトバランス …… 28
気温とノイズ …… 30
ISO感度とノイズ …… 32
露出時間とノイズ …… 34
カメラ内のノイズリダクション …… 36
デジタル一眼レフカメラのレンズの名称 …… 38
カメラレンズの画角 …… 40
レンズの焦点距離の違いによる作例 …… 42
カメラレンズの絞りと星像 …… 46
カメラレンズの絞りと周辺減光 …… 48
カメラ三脚のいろいろ …… 50
雲台のいろいろ …… 52
カメラ三脚の使い方 …… 54
フィルムカメラ／フィルム装塡の手順 …… 56
撮影に持っていきたいもの …… 58

3 撮影のきほん 59

固定撮影で星空を撮ろう …… 60
固定撮影の手順 …… 62
スマートフォンでの撮影 …… 65
固定撮影での注意点 …… 66
撮影時のモニターの明るさ …… 67
カメラの水平出し …… 68
カメラのピント合わせ …… 69
星を止めて点像で写す …… 70
星の軌跡の長さ …… 72
星の軌跡を得る方法 …… 76
星の軌跡の引き方 …… 78
カメラレンズによるガイド撮影 …… 80
ポータブル赤道儀での撮影手順 …… 82
赤道儀の極軸を合わせる …… 84
天体望遠鏡を使った撮影 …… 86
屈折望遠鏡とは …… 88
反射望遠鏡とは …… 90
シュミット・カセグレン式望遠鏡とは …… 92
経緯台と赤道儀 …… 94
屈折望遠鏡・経緯台の組み立ての手順 …… 96
屈折望遠鏡・赤道儀の組み立ての手順 …… 98
直接焦点撮影 …… 100
直接焦点撮影の手順 …… 102
コリメート法による拡大撮影（コンパクトデジタルカメラ） …… 104
コンパクトデジタルカメラによるコリメート撮影の手順 …… 106
スマートフォンアダプターによるコリメート撮影の手順 …… 108
星雲・星団の撮影 …… 110
星雲・星団の撮影手順（屈折望遠鏡） …… 112
星雲・星団の撮影手順（反射望遠鏡） …… 114
タイムラプス撮影 …… 117
天体の動画撮影 …… 120
撮影の失敗例 …… 122
知っておきたいレタッチ（画像処理） …… 124
パソコンによるレタッチの例 …… 126
天体写真に使われる画像処理ソフトウェア …… 130
写真をプリンターで出力する …… 132
データの管理 …… 134

4 撮影実践編 135

ソフトフォーカスフィルターを使う …… 136
光を効果的に使う …… 140
流れ星（流星群）を撮ろう …… 142
彗星を撮ろう …… 144
人工天体を撮ろう …… 146
二重星や変光星を撮ろう …… 147
月
　焦点距離による月の大きさの違い …… 148
　月の露出 …… 150
　月齢による露出の違い …… 152
　ダイナミックレンジとHDR …… 154
　シーイングの良し悪し …… 156
　シャッターブレの要因と対策 …… 158
惑星
　惑星を撮ろう（水星・金星・火星・木星・土星・ガリレオ衛星）… 160
太陽
　太陽の撮影 …… 164
　減光フィルター …… 166
　太陽の直接焦点撮影 …… 168
　太陽の直接焦点撮影の手順 …… 170
　太陽の拡大撮影 …… 172
　太陽の拡大撮影の手順 …… 174
　太陽のHα撮影 …… 176
日食
　日食とは …… 178
　日食の撮影 …… 180
　日食の広角レンズでの撮影 …… 182
　日食の望遠レンズでの撮影 …… 184
　日食の望遠鏡での撮影 …… 186
　これから起こる日食 …… 189
月食
　月食を撮ろう …… 190
　カメラレンズでの月食撮影 …… 192
　天体望遠鏡での月食撮影 …… 194
　月食を動画で撮ろう …… 196
　月食の起こる頻度 …… 197
天体写真撮影のロケーション …… 198
夜空の明るさ …… 202
天体写真撮影での海外遠征 …… 204
天体写真撮影を楽しむために …… 206

1

天体写真のきほん

天体写真とは

夜空にきらめく満天の星たち、その中を流れる天の川、地上をほのかに照らし出す月の姿。天空に広がるそんな光景を記録に残せたら、どんなに素敵でしょう。この本を手に取ってくれたあなたも、きっとそう思ったことがあるのではないでしょうか。そんな、星ぼしを写した写真のことを「天体写真」といいます。

天体写真とひとことでいっても、被写体はさまざまです。月や太陽、地球の仲間である金星・火星・木星・土星などの惑星。夜空に輝く恒星が形づくる星座たちや天の川、星雲・星団。日食や月食などの天文現象、流星群や彗星を写真に残したい人も多いでしょう。また、夕焼け空に輝く三日月や深い森の上空を流れる天の川といった風景的な写真も天体写真に含まれます。

「天体写真」なんていうとむずかしそうに聞こえますが、そんなことはありません。天体写真は誰でも撮ることができます。ただ、ちょっとむずかしいのは、昼間のスナップ写真のようにカメラまかせで気軽にシャッターを押しても写らないということです。

それもそのはず、星からの光はとても弱く、明るい1等星でも満月の30万分の１ほどの明るさしかないのです。満月でさえ、昼間の太陽光にくらべたらわずか40万分の１ほどしかありません。そんな星や月を撮るには、カメラ選びや撮り方など、いくつか押さえておきたいポイントがあります。大きな望遠鏡や高性能のカメラでしか撮れない写真ももちろんありますが、たとえばスマートフォンでだって、素敵な天体写真を撮ることはできるのです。

まずは簡単な撮影から始めてみましょう。最初は思うように撮れないことがあるかもしれません。そんな中でも写真が思いどおりに撮れたときの喜びはひとしおです。うまく撮れた写真をインターネットで公開してみんなに見てもらったら、思わぬ反響があるかもしれません。

そして、創意工夫や試行錯誤を重ねて、腕を磨きながら撮影に向き合う。そのことも天体写真の魅力の一つなのではないかと思います。基本を身につけながら経験を重ねれば、誰でも素敵な自分だけの天体写真を撮影することができるようになります。

土星
天体望遠鏡を使えば、土星の環もくっきりとらえることができます。

オリオン座
星座の形をはっきり写したいときは、星がにじんで写るソフトフィルターを使うのがおすすめです。

夕空の三日月
夕空に細い月や明るい惑星のある風景は、いちばん撮りやすい天体写真の一つです。

天体写真撮影の種類

天体写真の撮影には、カメラレンズで撮影する方法と、カメラを天体望遠鏡に取り付けて撮影する方法があります。

カメラレンズを用いた撮影

固定撮影

「固定撮影」はカメラを三脚などに固定して撮影する、もっとも基本的な撮影方法です。カメラは静止しているので、シャッターを開いている（露出している）間の星の動きを撮影することができます。長く露出すれば星の動きは長い軌跡を引くように写ります。露出を短くすれば星の動きはあまり目立たなく、星空を目で見た印象に近い写真になります。早いシャッターを切れば、夕空の月の姿や形をはっきりと写すこともできます。地上がぶれずにはっきりと写るので、風景を前景に入れた撮影にも最適です。

ガイド撮影

天空を動いている星を追尾しながら撮影するのが「ガイド撮影」です。天体の動きに合わせてカメラも少しずつ動くので、星は目で見たような点像に写ります。露出時間を長くすれば、より暗い星や天体を写すことができます。

ガイド撮影は星空や星座、天の川やその中に点在する星雲・星団の姿などを撮影するのに最適な撮影法です。地上の景色はぶれて写りますが、固定撮影とは一味違う写真を撮影することが可能です。

ガイド撮影には赤道儀とよばれる架台を使います。赤道儀はカメラレンズでの撮影に適したポータブルタイプから、大型の天体望遠鏡を搭載できるタイプまでサイズや仕様もさまざまです。

固定撮影
夜空の星の動きがそのまま軌跡となって写ります。一番手軽な撮影方法です。

ガイド撮影
星は点像で写ります。星座の形や天の川もはっきりとわかります。

天体望遠鏡を用いた撮影

直接焦点撮影

一眼レフカメラやミラーレス一眼カメラからレンズを外したカメラボディを、天体望遠鏡に直接取り付けて撮影する方法です。カメラのレンズ部分が天体望遠鏡に置き換わったと考えるとイメージしやすいでしょう。天体望遠鏡のレンズや反射鏡で結ばれた天体の焦点像を直接撮影することからこの名称でよばれています。略して「直焦点撮影」と表記されることもあります。月や太陽の全景や星雲・星団、系外銀河の撮影に最適な撮影法です。ほかにも肉眼で見ることのできるような彗星や、日食・月食の撮影にもおすすめです。

投影法による拡大撮影

一眼レフカメラやミラーレス一眼カメラからレンズを外したカメラボディを、天体望遠鏡に接眼レンズを取り付けた状態で接続して撮影する方法です。接眼レンズで拡大された天体像を撮影するので、直接焦点撮影よりも天体を大きく写すことができます。焦点距離が異なる接眼レンズに変えたり、接眼レンズからカメラまでの距離を変化させることで、天体の写る大きさ（拡大率）を変えることができます。月面の拡大や太陽黒点のアップ、金星・火星・木星・土星といった惑星、二重星などの撮影に適しています。

コリメート法による拡大撮影

天体望遠鏡をのぞくときと同じように、目の代わりにカメラレンズをのぞかせて撮影する方法です。レンズを取り外すことができないコンパクトデジタルカメラや、スマートフォンでの撮影に適しています。月や惑星などの明るい天体の撮影を手軽に行なえます。焦点距離が異なる接眼レンズに変えたり、カメラのズーム機能を使って（コンパクトデジタルカメラのみ）写る天体の大きさを変えることも可能です。撮影に使う望遠鏡の倍率にもよりますが、おおむね直接焦点撮影と同じもしくは少し大きめの写真を撮影できます。

直接焦点撮影
月や太陽などを大きく撮ることができます。日食や月食も写せます。

投影法による拡大撮影
直接焦点撮影よりもクローズアップして天体を撮ることができます。

天体写真撮影向きのカメラ

カメラはフィルムカメラとデジタルカメラに大きく分類されます。この本で扱うのは、デジタルカメラを使った撮影です。

デジタルカメラは、一眼レフカメラ、ミラーレス一眼カメラ、コンパクトデジタルカメラなどが広く普及しています。スマートフォンもデジタルカメラの一つと考えてよいでしょう。またWebカメラ（PCカメラ）とよばれ、小型のイメージセンサーを使用して太陽や月、惑星を撮影するのに特化したものや、映像素子のCCDをマイナス数十℃まで冷却して天体を撮影する「冷却CCDカメラ」などもあります。

デジタルカメラは、フィルムの代わりに「イメージセンサー」とよばれる映像素子でレンズからの光を受光し、カメラ内で演算処理した画像データをメモリーカードなどの記録媒体に保存します。35mm判カメラの画面サイズ（36mm×24mm）に相当するイメージセンサーを用いたカメラを「35mmフルサイズ」または「フルサイズ」とよび、デジタルカメラの映像素子の基準サイズとなっています。もっとも天体撮影向きのカメラは、フルサイズのイメージセンサーを搭載していてノイズ特性に優れたデジタルカメラといえます。

一眼レフカメラには、フルサイズ機のほかに、ひと回り小さなAPSという規格のセンサーサイズが搭載されたカメラがあり、こちらは1画素の大きさが少し小さくなるため性能はフルサイズ機に一歩譲りますが、価格も求めやすく天体撮影にも充分使えます。コンパクトカメラは、市販されている製品のほとんどがセンサーのサイズがずっと小さく、かつレンズ交換ができませんが、星空や星空風景を気軽に撮影するにはおすすめです。ただし、マニュアル操作でモード絞りとシャッター速度を設定でき、ピントを無限大に合わせられるものを選ぶ必要があります。

一眼レフカメラとミラーレス一眼カメラでは、星空の撮影に適した明るいレンズのラインナップが充実している点では一眼レフカメラに軍配が上がりそうですが、ミラーがないミラーレス一眼カメラは、一眼レフカメラでは不可能な無音撮影ができますし、携行性に優れているなどミラーレスならではの魅力もあります。どのような天体写真をどんなスタイルで撮影したいのかによって選ぶカメラも変わるのです。

デジタルカメラの技術進歩は日々目を見張るものがあります。高いISO感度での撮影や低ノイズ化、そしてカメラ内での比較明合成やタイムラプス動画作成、ハイダイナミックレンジ合成などの便利で魅力的な機能が次々と搭載された機種が登場し、天体写真撮影がより楽しめるようになっています。

デジタル一眼レフカメラ（フルサイズ）
天体写真でもっとも一般的なカメラで、交換レンズも多く便利です。

ミラーレス一眼カメラ
日食や月食、流星群の撮影などに向いた動画撮影を得意とするカメラが多くあります。

デジタル一眼レフカメラ（APS）
フルサイズのカメラにくらべコンパクトで、日食などの海外遠征時などに使われます。

コンパクトデジタルカメラ
最近は星空撮影モードを搭載する機種もあります。

スマートフォン
月のある風景写真やコリメート方での月の撮影など、気軽な天体写真が楽しめます。

Webカメラ
月や惑星、太陽など、天体望遠鏡を使った拡大撮影で、おもに使われています。

冷却CCDカメラ
撮像素子を冷却しノイズを軽減させる冷却CCDカメラは、天体写真用に開発されたものも多くあります。

フィルムカメラ
フィルムの種類も減り、フィルムカメラで天体写真撮を撮影する人は少なくなりました。

コンパクトデジタルカメラの名称

コンパクトデジタルカメラは、その名のとおり携帯性能を重視した設計になっており、小型のイメージセンサーを使用することで、レンズと一体化したカメラボディのコンパクト化を実現しています。撮影時の構図合わせや撮影画像の確認は背面の液晶モニターで行ないます。

イメージセンサーのサイズはフルサイズから1/2.3型までと非常に幅が広く、多種多様な製品があります。すべての機種で天体が撮影できるわけではありませんが、上位機種の中には、星空や天の川を驚くほど美しく撮影できるカメラも増えてきました。

通常は、デジタル一眼レフカメラではボディ上面にあるダイヤルやボタンのほとんどは、ボディ背面に配置されていて、上面には電源ボタン、シャッターボタン、モードセレクトダイヤル、ストロボ収納部などがあるのみです。コンパクトデジタルカメラの中でもさらにコンパクトなタイプのものでは、上面に電源ボタン、シャッターボタン、ストロボ収納部などのみの製品もあります。

正面

上面
コントローラーリング
ストロボ
ズームレバー
露出補正ダイヤル
PowerShot G7 X
Mark II
ON/OFF
SCN
電源ボタン
シャッターボタン
モードダイヤル
背面
シャッターボタン
モードダイヤル
側面
・デジタル端子
・HDMI端子
動画ボタン
RING
FUNC.
画像消去ボタンなど
コントローラーホイール
・ドライブモードなど
・マクロ／マニュアル
フォーカスなど
MF
SET
INFO.
クイック設定メニュー
／設定ボタン
MENU
画面（モニター）
メニューボタン
再生ボタン

底面
三脚ネジ穴
カード /
バッテリー
収納部

デジタル一眼レフカメラの名称

一眼レフの「レフ」はレフレックスの略で、カメラボディ内にミラーとプリズムを配し、レンズから取り込んだ光（像）をミラーとプリズムに反射させ、光学ファインダーで確認しながら撮影できるタイプのカメラです。背面に液晶モニターがあり、ライブビューモードで画像確認することもできます。イメージセンサーは36mm×24mmのフルサイズとAPSサイズの2タイプがあります。機能面でも画質面でも高性能で、レンズ交換ができ、魚眼レンズから望遠レンズまで種類が多種多様であることに加え、アクセサリーも豊富であることから汎用性が高く、天体写真向きのカメラといえます。メーカーによって名称・配置などに多少の違いはありますが、基本的な機能は同じです。正面から見ると、ボディの中に光路を変えるためのミラーが見えます。背面にある液晶モニターは機種によって大きさが多少異なり、機種によっては可動式のモニターのものあります。

また、イメージセンサーがフルサイズよりも大きなものを採用した中判一眼レフタイプのカメラも発売されています。

正面

上面

測距エリア選択ボタン
シャッターボタン
電子ダイヤル
ISO感度
設定ボタン
ディスプレイ
ボタン
ストラップ
取り付け部
電源スイッチ
モードダイヤル
アクセサリーシュー

背面
ファインダー接眼部
インフォボタン
メニューボタン
画面（モニター）
側面
・映像/音声出力・
デジタル端子
・HDMIミニ出力
端子
・リモコン端子
・外部マイク入力
端子
ライブビュー撮影/
動画撮影ボタン
AEロック/FEロックボタン/
インデックス/縮小ボタン
AFフレーム選択/拡大ボタン
絞り数値/露出補正ボタン
クイック設定ボタン
十字キー（選択ボタン）
カードスロットカバー
設定ボタン
消去ボタン
再生ボタン
底面
三脚ネジ穴
電池室

ミラーレス一眼カメラの名称

ミラーレス一眼カメラは、「ミラーレス」の名のとおり、カメラボディ内にミラーがなく、撮影する画像の確認は背面の液晶モニターを使います。イメージセンサーのサイズはフルサイズからマイクロフォーサーズ（4/3インチ）までさまざまなサイズがあります。特長は、レンズ交換が可能なこと、光学ファインダーを持たないためボディが薄型・軽量であることです。最近は性能も上がり、レンズの種類もいろいろ選べるようになってきているので、天体撮影にも充分対応できるようになってきました。

2
カメラのきほん

イメージセンサーとは

フイルムで天体写真を撮影すると「相反則不軌」という現象によって、長い時間露出すればするほど感度が低下していき、いくら露出時間を長くしても、なかなか天体が写ってこないという弱点があります。

それに対してイメージセンサーはレンズで集めた光を明暗の情報として電気的にとらえることができ、光をとらえる能力“量子効率”がフィルムよりも格段に優れていることから、露出をかければかけるほど天体がどんどん写るようになってくる特性があります。このため天体撮影では圧倒的にデジタルカメラが有利なのです。

デジタルカメラに使われているイメージセンサーは、平面に規則正しく配列された画素（ピクセル）から構成されています。センサー上の画素の総数を「総画素数」といい、多くなるほど細かい描写が可能になります。同じ総画素数でも、センサー自体のサイズが大きいものと小さいものとでは、大きいセンサーの方が1画素のサイズ（面積）を大きくとれます。1画素のサイズが大きいということは、光（正確にはレンズから入ってきた光（光子）によって金属からたたき出された電子）をたくさん溜め込むことができるということになるので、高感度で階調豊かな表現が可能になるのです。同じ総画素数のセンサーでもよりサイズが大きい方が天体撮影でも有利に働きます。

イメージセンサーにはさまざまなサイズがあります。おもなものとしては35mm判フルサイズ、APS-Cサイズ（以下、APSサイズ）、マイクロフォーサーズ、1インチ、1/2インチ、2/3インチ、1/1.7サイズ

イメージセンサーの大きさの違い
左がAPSサイズ、右がフルサイズのイメージセンサー。マウントからのぞくと大きさはひと目でわかります。

撮像素子のサイズ

■デジタル一眼レフカメラ、ミラーレス一眼カメラ

35mm 判フルサイズ
36mm×24mm

APS-C
23.4mm×16.7mm

マイクロフォーサーズ
18mm×13.5mm

■コンパクトデジタルカメラ、デジタルビデオカメラなど

2/3
8.8mm×6.6mm

1/1.8
6.9mm×5.2mm

1/2.5
5.7mm×4.3m

1/1.8
4.8mm×3.6mm

などです。

市販されている一眼レフカメラには35mm判フルサイズやAPSサイズのセンサーが、ミラーレス一眼カメラにはマイクロフォーサーズサイズのセンサーが使われてきましたが、最近ではミラーレス一眼カメラでAPSサイズや35mm判フルサイズのセンサーを用いているものも多くなってきました。

コンパクトデジタルカメラは、かつては2/3インチ、1/1.7サイズといった小型のものが使われていましたが、最近では1インチ以上のセンサーを搭載した機種も多くなってきました。

また、35mm判フルサイズよりもひとまわり大きな43.8mm×32.8mmサイズのイメージセンサーを搭載したデジタル中判カメラも発売されています。

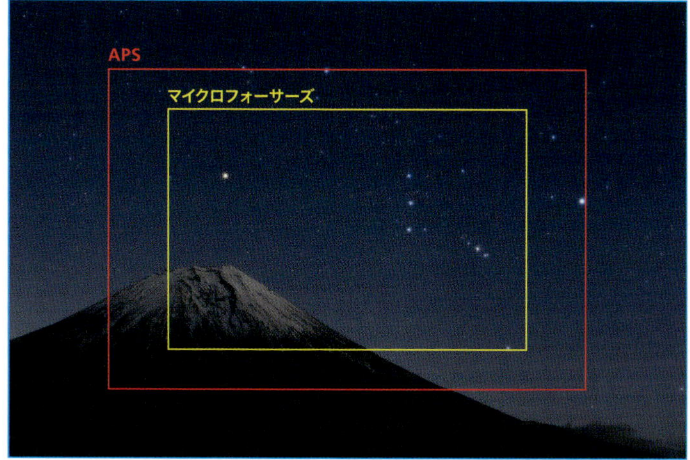

イメージセンサーごとの写る範囲の違い
同じ焦点距離のレンズを使って撮影した風景でも、センサーのサイズによって撮影できる範囲は異なります。写真として表現できる世界も変わってきますので、注意が必要です。

カメラ本体の設定項目

撮影前のカメラ本体の設定はとても大切な作業です。必要最低限の設定を現地に到着する前や明るいうちにすませておくことで、撮影時の効率化が図られるとともに、思いがけない失敗も防ぐことができます。設定項目の名称や操作方法はカメラごとに異なりますが、基本は同じです。カメラを購入したら、まず取り扱い説明書をしっかり読み、カメラ操作に慣れるまでは撮影現場に持参するとよいでしょう。

露出モード

マニュアルモードはレンズの絞りとシャッタースピードを自在に変えられるので天体撮影向きです。長時間の露出が必要なときには、シャッタースピードのバルブ（B）を選ぶとシャッターボタン（またはレリーズボタン）を押している間、ずっとシャッターを開けておくことができます。なお、夕空に浮かぶ三日月などの撮影では、プログラムモードや絞り優先モードで撮影することも可能です。

記録画質

基本はJPEGデータの最高画質での記録です。メモリーカードの容量に余裕がないとか、撮影スピードを速くしたいなどの理由がなければ、RAWデータでも同時に保存しておくことをおすすめします。画像処理を行なう前提であればRAWデータでの保存は欠かせません。RAWデータはカメラメーカー各社固有のデータ形式なので扱いには注意が必要です。

画像サイズ

撮影する写真の使用目的に応じて3種類のサイズから設定することができます。パソコン画面で写真を鑑賞したり、A5サイズにプリントするのであればSサイズ、A4サイズにプリントするのであればMサイズで充分ですが、あとから画像サイズを大きくすると解像度が落ちてしまうので、とくに理由がなければイメージセンサーのサイズLをおすすめします。

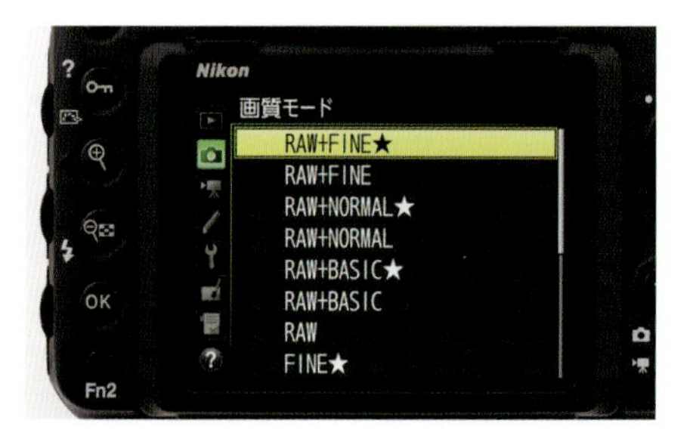

ISO感度

ISO感度はイメージセンサーの光に対する感度を表わす指標で、もともとは銀塩フィルムでの値が基準になっています。天体撮影では、ISO感度を撮影対象によって臨機応変に変えていきます。月や太陽、惑星の撮影では100～400、星空のガイド撮影や星雲・星団の撮影では400～1600くらい、星を点像で写す固定撮影では1600～6400くらいが目安となります。

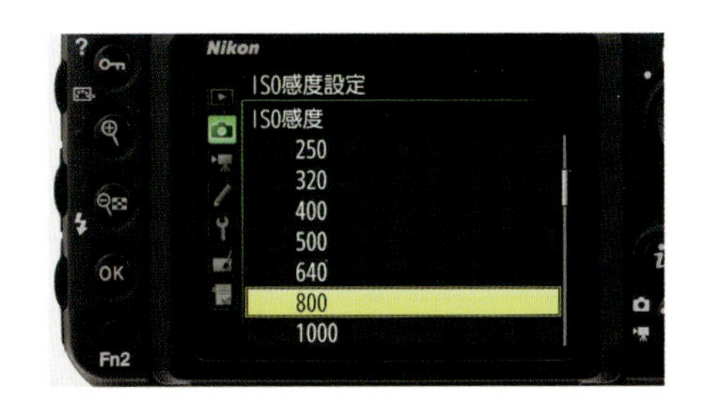

ホワイトバランス

基本はオートですが、星空を撮影する際の夜空の環境によっては色温度での設定もおすすめです。自分のイメージに合ったホワイトバランス調整ができます。薄明時の空のイメージには太陽光が適していますし、朝方・夕方の光景には曇天を使うとより赤みを印象的に表現できます。

長時間露光のノイズ低減

イメージセンサーの長秒時露光で現われるノイズを低減するための設定です。「する」に設定すると、撮影ごとに同じ場所に現われる固定パターンノイズを効果的に除去してくれます。ただし、露出時間と同じ時間だけ処理時間がかかり、その間は撮影ができなくなります。

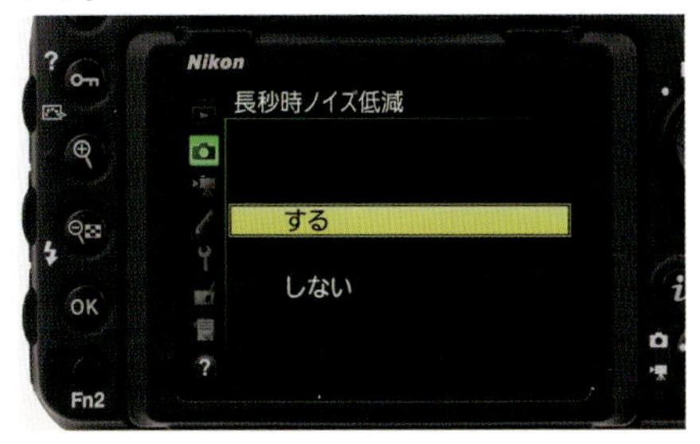

高感度のノイズ低減

ISO感度を高く設定したときに生じるノイズを低減するための設定です。「しない」・「弱め」・「標準」・「強め」から選ぶことができ、撮影ごとに不規則に現われるランダムノイズを低減できます。ただし、強めにかけすぎると微光星が消えてしまうことがあるので注意が必要です。

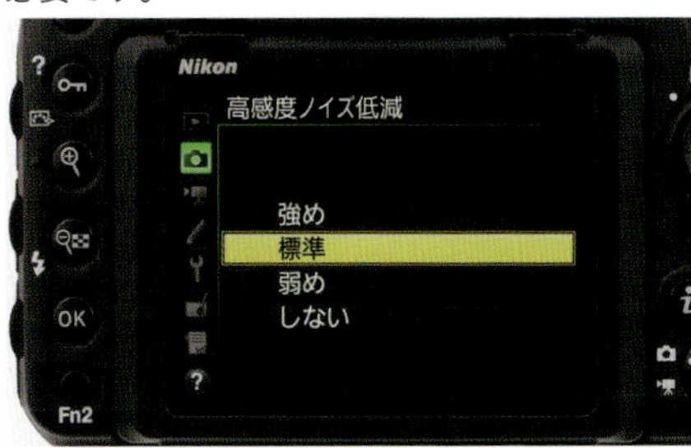

液晶モニターの明るさ

夜間の天体撮影では、液晶モニターの明るさを適宜調整しましょう。メニュー・再生画面のほかにもライブビュー画面の明るさを調整できる機種もあります。一部のコンパクトデジタルカメラでは、液晶の明るさのほかに「暗所表示」という星空撮影時に適したモードが搭載されているものもあります。

記録形式と画像サイズ

天体写真を撮影する際、一般写真の場合でも同じですが、デジタルカメラで撮影した画像の記録方式は、おもにJPG（jpeg)、RAW、TIFFの3つの形式が使われます。

それぞれの記録型式には特徴がありますので、それぞれの形式について簡単に説明しましょう。

JPG

画像を構成する3色、R（赤）G（緑）B（青）の3つの色がそれぞれ8bit 256階調・約1670万色で画像は非(不)可逆圧縮されて保存されています。画像の保存においてもっとも多く使われる記録型式で、ほとんどのソフトウェアで読み取れる汎用性の高い保存型式です。撮影したままの状態か、簡単な画像処理を行なってディスプレイで観賞したり、プリントして観賞するだけなら充分な画質を保ちます。

また、同じ画素数の画像の場合、TIFFやRAWの形式にくらべてデータ量が小さくなるので便利です。しかし、もともと各色のデータが8bit 256階調と、1色あたりの濃度データが256段階しかないので、強力な画像処理を行なうと、データが足りなくなってトーンジャンプ（(階調飛び）を起こし、グラデーションが滑らかにならず縞状になってしまうことがあります。

また、画像を圧縮して保存する形式なので、画像の保存を繰り返して行なうと画質が劣化してしまうという欠点があります（コピーや画像を開いて見るだけでは劣化しません)。

TIFF

TIFF型式で表現できる色数は、JPG方式

たいていの場合、解像度がL 、M、Sの3サイズ、それぞれにJPGの圧縮率に低圧縮と高圧縮の2段階が設定できます。解像度はそのまま画像の大きさ（Lがいちばん解像度が高く、Sがいちばん解像度が低い）になり、圧縮率は低ければ高画質でサイズが大きく、高ければ低画質でサイズが小さくなります。パソコンのスペックも上がり、大容量のメモリーカードやハードディスクも手に入りやすくなりましたので、通常はLサイズで撮影し、必要に応じてRAW画像での撮影を行なうようにしましょう。

JPG S

JPG L

と同じで、RGBそれぞれ8bit 256階調・約1670万色です。画像は非圧縮、もしくは可逆圧縮されて保存されているので、JPG方式より滑らかな画質で保存できます。また保存の際に圧縮されない、もしくは可逆圧縮なので、保存を繰り返しても原理的には画像の劣化が起こりません。

撮影した画像はJPG方式と同じようにほとんどのソフトで扱うことができます。ただ、高画質で保存すると、RAW方式よりもデータのサイズが大きくなってしまいます。ただし、RAWよりも画質が良いわけではありませんので、最近ではあまり使われなくなってきました。

RAW

撮影した“生の画像”という意味のRAW方式は、表現できる色数はカメラのAD（アナログデジタル）コンバーターに依存します。その多くはRGB各色12bit 4096階調・約6870万色、もしくは各色14bit 16384階調・約4兆色で保存されています。

データのサイズが大きくなるという難点はありますが、画像サイズ以外はカメラ内での画像処理（ホワイトバランスやシャープネス、コントラストなど）の処理前の画像が記録されます。かなり強力な画像処理を行なう事が可能です。とくにカラーバランスが崩れた画像や、露出不足の画像、輝度差の少ない星雲や星団の画像、彗星の淡い尾を浮かび上がらせる際などの処理を行なう際にはとても効果的です。

しかしRAW画像といえども万能ではなく、露出オーバーや極端に暗い画像、フレアやゴーストなどレンズ側の不具合から来る画質低下は救えません。

また、JPGやTIFFのように共通のフォーマットがなく、各社の専用ソフトを使わなければ画像を見たり、加工もできません。さらに、データが大きいために、撮影時に連写撮影枚数に制限があったり、大きめの記録メディアを用意する必要があります。

RAW現像について

RAWデータはイメージセンサー固有の元データを記録した、12bitまたは14bitのモノクロデータです。メーカーごとの固有のフォーマットを持っているため、どのパソコンでもJPGのように開いて見られるわけではありません。デジタルカメラに付属している画像処理ソフトなどを使って展開しますが、これを「RAW現像」とよびます。現像後は8bitデータや16bitのデータに展開することができます。展開する際にはホワイトバランスやISO感度、シャープネスなど実にさまざまな補正を柔軟に行なうことができます。RAW現像できるソフトとしては、使用しているカメラのRAWデータに対応したプラグインソフト（Adobe Camera Raw）をインストールしたAdobe Photoshop®やAdobe Photoshop Lightroom®をはじめ、SILKYPIX Developer StudioなどのRAW現像に特化したソフトウェアも市販されています。

撮影モード（ピクチャースタイル）

写真の被写体を、どのような質感と色感で撮影するかを設定するのが、撮影モード（ピクチャースタイル）です。メーカーによって名称もさまざまなこの設定は、具体的にはシャープネス、コントラスト、色の濃さ（彩度）、色合い（色相）などを変えて撮影することで自分のイメージどおりの写真を得ることができます。

またユーザー設定もあり、プリセットされたモードから好みに合わせて調整した自分のスタイルを登録しておくことができます。専用のソフトウェアでオリジナルの撮影モードを作成することも可能です。なお、RAWデータで撮影しておくことにより、あとから画像現像時に撮影モードを変更したり調整することもできます。

おもな撮影モードの種類

オート	撮影シーンをカメラが認識して、色合いが自動調整されます。とくに自然風景では青空や緑、朝夕のシーンでは朝焼けや夕焼けが色鮮やかに表現されます。
スタンダード	色の鮮やかさやコントラストを設定したものです。撮影した画像をあとから処理せず、そのままプリントしたいときに最適なシャープネスになっています。画像処理を前提としない天体撮影に適しています。
ニュートラル	被写体のディテールを豊かに残し、コントラストは控えめで、色の濃さを強調しないことから白飛びや色の飽和が生じにくく、全体的にしっとりとした印象になります。画像処理を前提とした天体撮影に適しています。
忠実設定	デーライトの光源下で被写体の色味そのものを忠実に再現する設定です。色の印象が強いので肉眼に近い表現になります。画像処理を前提とした天体撮影（とくに月の拡大撮影）に適しています。
ディテール重視	被写体の細部の輪郭や繊細な描写が得られる設定です。
ポートレート	人肌の撮影にした設定です。色合いを赤寄りにして明るめに、シャープネスを控えめにした柔らかい表現ができます。
風景	青や緑の鮮やかさを強調する設定です。シャープネスは強めでメリハリの効いた仕上がりになります。日の出・日没や月の出・月没などの撮影に適しています。
モノクロ	白黒やセピアなどの単色の濃淡で、光と影の世界を表現します。

オート
スタンダード
ニュートラル
忠実設定
ディテール重視
ポートレート
風景
モノクロ

色温度

私たちの身の回りにはさまざまな光があふれています。その光源は太陽光や月光といった自然光、白熱電灯・蛍光灯などの人工光です。光源自体の色も赤っぽい光から青っぽい光まで実にさまざま。また同じ太陽光でも朝夕の日の出や日没時では、昼間の青空の中よりもずっと赤っぽくなり、一方、曇り空では青っぽくなるように天候や時間帯で常に変化しています。

色温度とはこれらの光源の色を表わすための尺度をいいます。光源の色合いといってもよいでしょう。単位は「K(ケルビン)」で表わされ、値が小さいほど赤く、値が大きいほど青くなります。日中の太陽光は5000K〜6000K、朝日や夕日ではおよそ2000K、曇り空ではおよそ7000K。人工光では白熱電球がおよそ3000K、昼白色の蛍光灯がおよそ5000K、昼光色の蛍光灯がおよそ6500Kです。

星の色は高温になるほど青く見えるように、暖色系は色温度が低く、寒色系は色温度が高いのですが、撮影時、カメラの設定で色温度を指定するときは、ケルビンの数値が高いほど暖色系に、低いほど寒色系に写ります。

3500K

3700K

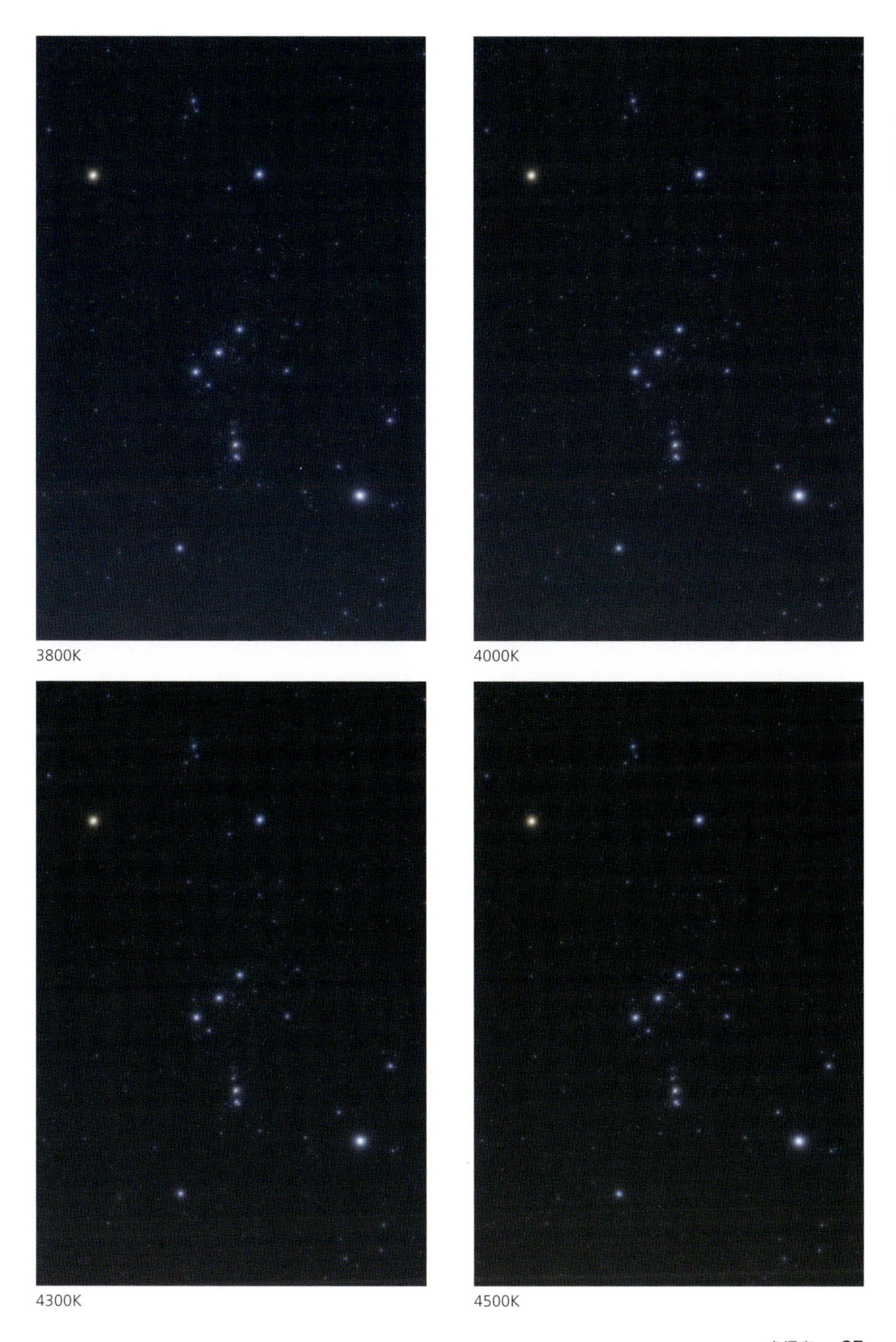

3800K

4000K

4300K

4500K

ホワイトバランス

さまざまな色温度の光源下において、白いものを白く写すことができるようにすることをホワイトバランス調整といいます。たとえば、白熱電球の照明下では白い紙は赤みがかって見えますが、これを白く写すにはホワイトバランスを白熱電球に設定します。デジタルカメラでは色温度をケルビン値や、太陽光や曇り空、蛍光灯、白熱電球など、あらかじめセットされている値にホワイトバランスを設定することができます。

カメラにあらかじめ用意されているプリセットホワイトバランスを利用して、複数の設定から光源の種類を指定し、ホワイトバランスを設定します。おもな設定の種類としては、「太陽光」「曇り空」「白熱電球」「蛍光灯」「オート」などがあります。

「蛍光灯」の設定はさらに昼白色や昼光色など数種類に分かれていたり、最近のカメラでは「オート」もわずかに暖色を残す設定ができるものもあり、高機能化が進んでいます。カメラによっては、色温度をその光源のケルビン値で細かく指定することができるものもあります。

「白熱電球」は黄色っぽい光を青く補正して白く写るようにしているので、逆に太陽光の下で「白熱電球」の設定で写すと、画面が青っぽく写ります。

天体写真では、撮影目的によってホワイトバランスを意図的に調整・変更することもあります。たとえば、星空や月明かりの風景を心象風景的に青っぽく表現したいときに、色温度を太陽光よりも小さな値に設定することもあります。

ホワイトバランスを理解して操ることができれば、作品づくりの幅が広がります。RAWデータでも撮影しておくと、デジタル現像時にホワイトバランスを自由に設定することができます。

ホワイトバランスと色温度

光源の色味を温度にたとえて表現したものが「色温度」です。「ケルビン値」として数値で表わされます。

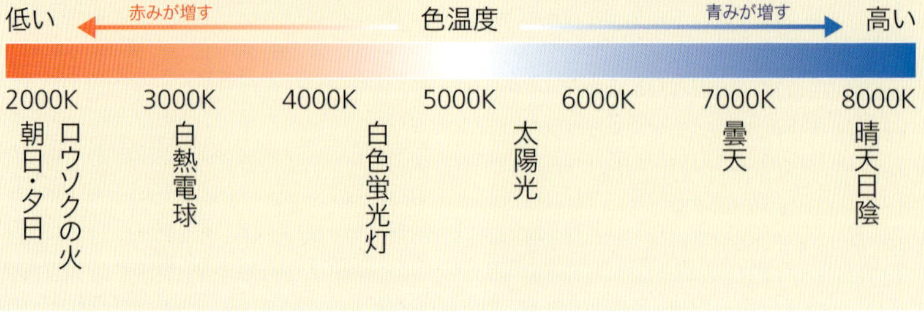

低い ← 赤みが増す　色温度　青みが増す → 高い

2000K	3000K	4000K	5000K	6000K	7000K	8000K
朝日・夕日 ロウソクの火	白熱電球	白色蛍光灯	太陽光		曇天	晴天日陰

満月をホワイトバランスを変えて撮影したもの

気温とノイズ

ノイズはデジタルカメラが避けて通ることができない問題です。ノイズは大別して2つに分類されます。一つはイメージセンサーの決まった場所に発生する「固定パターンノイズ」、もう一つは撮影するコマごとにランダムに発生する輝度ノイズやカラーノイズといった「ランダムノイズ」です。

固定パターンノイズは「暗電流ノイズ」または「ダークノイズ」、ときには「熱ノイズ」ともよばれ、イメージセンサーの常時決まった場所にごく小さな点として発生します。気温が高くなるにしたがって、また露出時間が長くなるにしたがって増加することが知られています。画面の隅や片側が赤いっぽくかぶるノイズも固定パターンノイズの一つです。

ISO感度などの撮影条件を一定にして、気温が −10℃と＋20℃の環境下で、同時間の露出でレンズにキャップをはめた状態と、実際の星空を撮影してみました。画像を見ていただくと違いは明らかで、−10℃ではノイズの発生がほとんどわからないのに対して、＋20℃では赤いカブリや固定パターンノイズが顕著に現われていることがわかります。

つまり気温が低い環境での撮影が、写真をきれいに写すには有利なことがわかります。夏場の気温が＋30℃を超えるような環境では、標高の高い場所の方が気温が低いことが多く、天体写真撮影には適しています。気温が高いときのノイズ対策として、明るいレンズを使い、ISO感度も通常よりも高めに設定し、少しでも露出を短くするなどの工夫が必です。

−10℃　ISO12800　120秒露出

+20℃　ISO12800　120秒露出

ISO感度とノイズ

月明かりのない暗夜、星がひときわ明るく輝く星空の明るさは、晴れ渡った昼間の明るさのおよそ400万分の１といわれています。

絞りF2.8のカメラレンズで星空を撮影する場合、1分露出でISO1600、30秒露出ではISO3200の設定が必要になります。昼間の撮影ではF2.8のカメラレンズでの撮影では、ISO100でシャッター速度が1/4000秒ですから、星空の撮影ではいかに感度を高くしなければ撮影できないかがわかるでしょう。

天体写真撮影では、星という暗い撮影対象となるので、同じ露出時間で天体を明るく撮りたいとき、あるいは露出時間を短くしたい場合に、このISO感度を上げます。

デジタルカメラの感度はイメージセンサーがとらえた光の信号を増幅して得られますが、センサーが元来持っている固有の感度は一定で、1200万画素くらいのフルサイズデジタルカメラでISO200から400程度といわれています。ですから、ISO800やISO1600、ときにはISO3200やISO6400で撮影しなければならない天体写真では、信号をかなり増幅することになります。信号増幅の際にはさまざまな問題が生じてきます。まずは感度を上げるにしたがって画面の粒状性が悪化してザラザラした感じになってくることがあげられます。さらに先に記した輝度ノイズやカラーノイズといったランダムなノイズが目立ってきたり、縞のような模様やムラが浮き出てくることもあります。

右ページの作例は、口径13cmの屈折望遠鏡でオリオン座の大星雲を、ISO感度を変えながら撮影したものです。

感度が高くなるにしたがって、画像にザラついた感じが増してくるのがわかります。おおよそISO1600ぐらいから高感度ノイズが徐々に見えてくるようになり、ISO6400ぐらいから目立つようになります。同じ対象を撮った場合でも、ノイズが発生する場所は毎回変わります。

最近のデジタルカメラは、高感度ノイズに対して改良が進み、かなり目立ちにくくなりました。自分のカメラのこれらの特性を把握・理解しながら、過度に感度を上げ過ぎず撮影することが大切です。また、「高感度ノイズ低減」や「ノイズリダクション」などの機能が搭載されていますので、これらの機能を有効に活用しましょう。

ただし、「高感度ノイズ低減」や「ノイズリダクション」機能は、処理を強くかけ過ぎると微光星が消えてしまうことがあるので充分な注意が必要です。自分のカメラの設定できる処理の強さをすべて試してみるとよいでしょう。

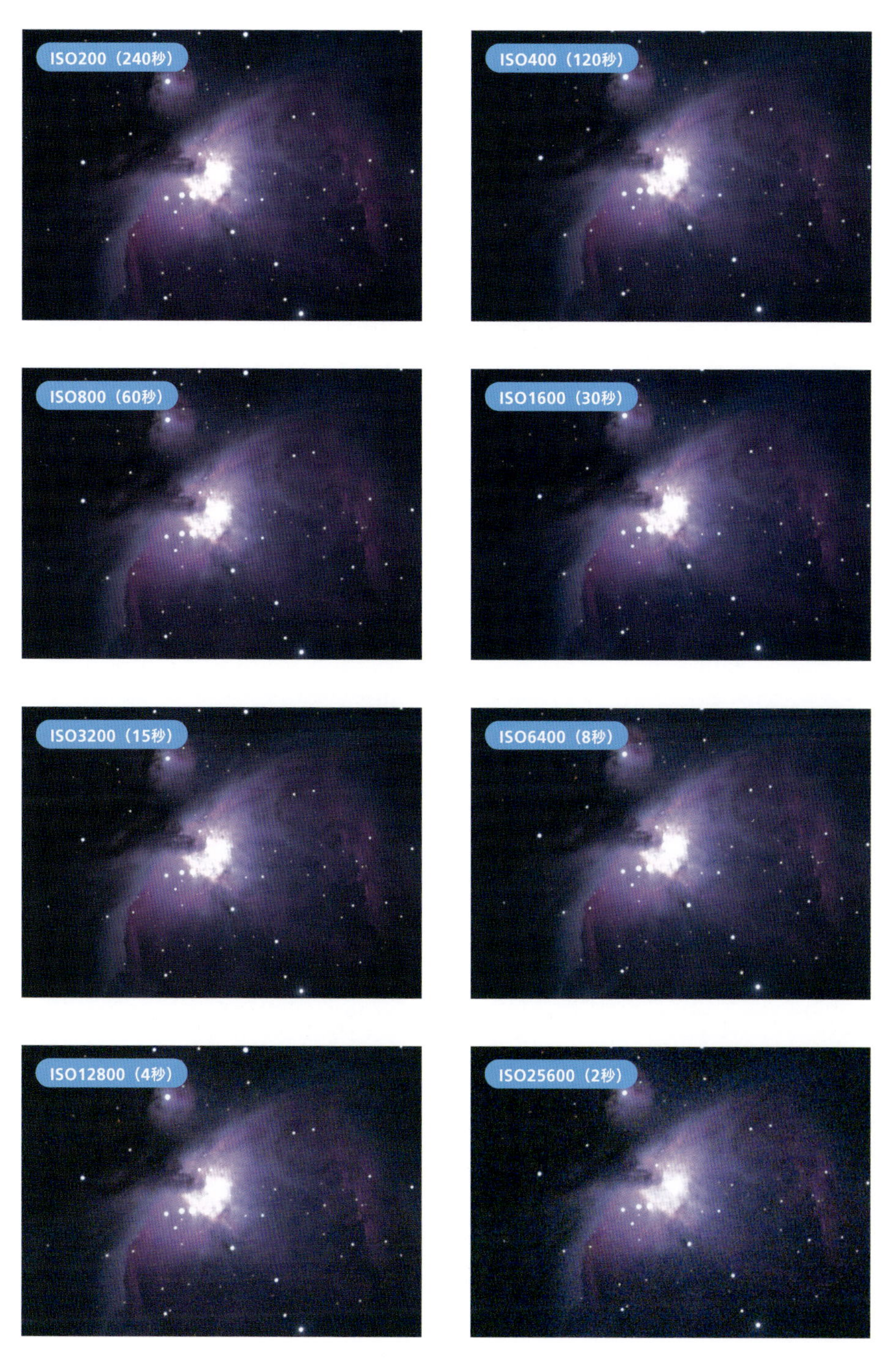
ISO200（240秒）
ISO400（120秒）
ISO800（60秒）
ISO1600（30秒）
ISO3200（15秒）
ISO6400（8秒）
ISO12800（4秒）
ISO25600（2秒）

露出時間とノイズ

天体写真撮影で、露出時間が増えることによって生じるノイズは、30ページで紹介した固定パターンノイズです。そこで、ISO感度を固定にして画面の背景の明るさを一定にするようにカメラレンズの絞りを変化させながら、30秒、60秒、120秒と露出時間を変えて撮影してみました。

露出時間が長くなるとともに、画面左側に赤っぽいカブリが現われ始め、ごく小さな白い固定パターンノイズが増えていくのがわかります。

作例ではノイズが見てわかりやすいように、数年前に発売された少し古いデジタル一眼レフカメラを用いて、ISO12800という通常の撮影では使う機会が少ない高感度で撮影しています。

最新のデジタルカメラでは長時間露出に対するノイズ特性がかなり改善され、長時間の露出でもノイズが目立たないようになりました。

しかし、より美しい天体写真を撮影しようとこだわるのであれば、やはり夏場などの気温が高い時期には露出を切り詰めるなどの対策が必要です。

60秒露出

120秒露出

カメラ内のノイズリダクション

デジタルカメラのノイズは露出時間が長くなるほど、温度（気温）が高くなるほど、ISO感度を上げるほど増加します。

どのカメラにも長露出時間に対してノイズを低減する機能があり「長秒時ノイズ低減」とか「長秒時露光のノイズ低減」などとよばれています。

長秒時ノイズ低減機能は基本的にONまたはOFFの設定ができます。ただし、この機能をONにすると、シャッターを閉じたあとに同じ露出時間でノイズだけを撮影し、先に撮影した画像からノイズを取り去るため、その結果、撮影時間が2倍以上かかることに注意しなければなりません。通常はOFFでも大きな問題はありませんので、必要に応じて使い分けましょう。

一方、高感度撮影時に生じる輝度ノイズやカラーノイズを低減させる機能として「高感度ノイズ低減」がほとんどのカメラに付いています。

高感度ノイズ低減機能は基本的に弱・標準・強と段階的に設定ができるようになっています。一部のメーカーではオートの設定ができるカメラもあります。ただし、高感度ノイズ低減機能を強めに設定するとノイズの低減効果がある一方で、暗い星（微光星）が消えてしまうこともあるので注意が必要です。通常は「なし」か「弱」に設定することをおすすめしますが、目的によっては標準や強めに設定してもよいでしょう。

ISO感度や露出時間などの撮影条件を一定にして「長秒時ノイズ低減」を「ON」「OFF」、「高感度ノイズ低減」を「OFF」「弱め」「標準」「強め」を8種類組み合わせて撮影してみました。高感度ノイズ低減については、かならずしも強めの設定が好結果であるとは限りません。

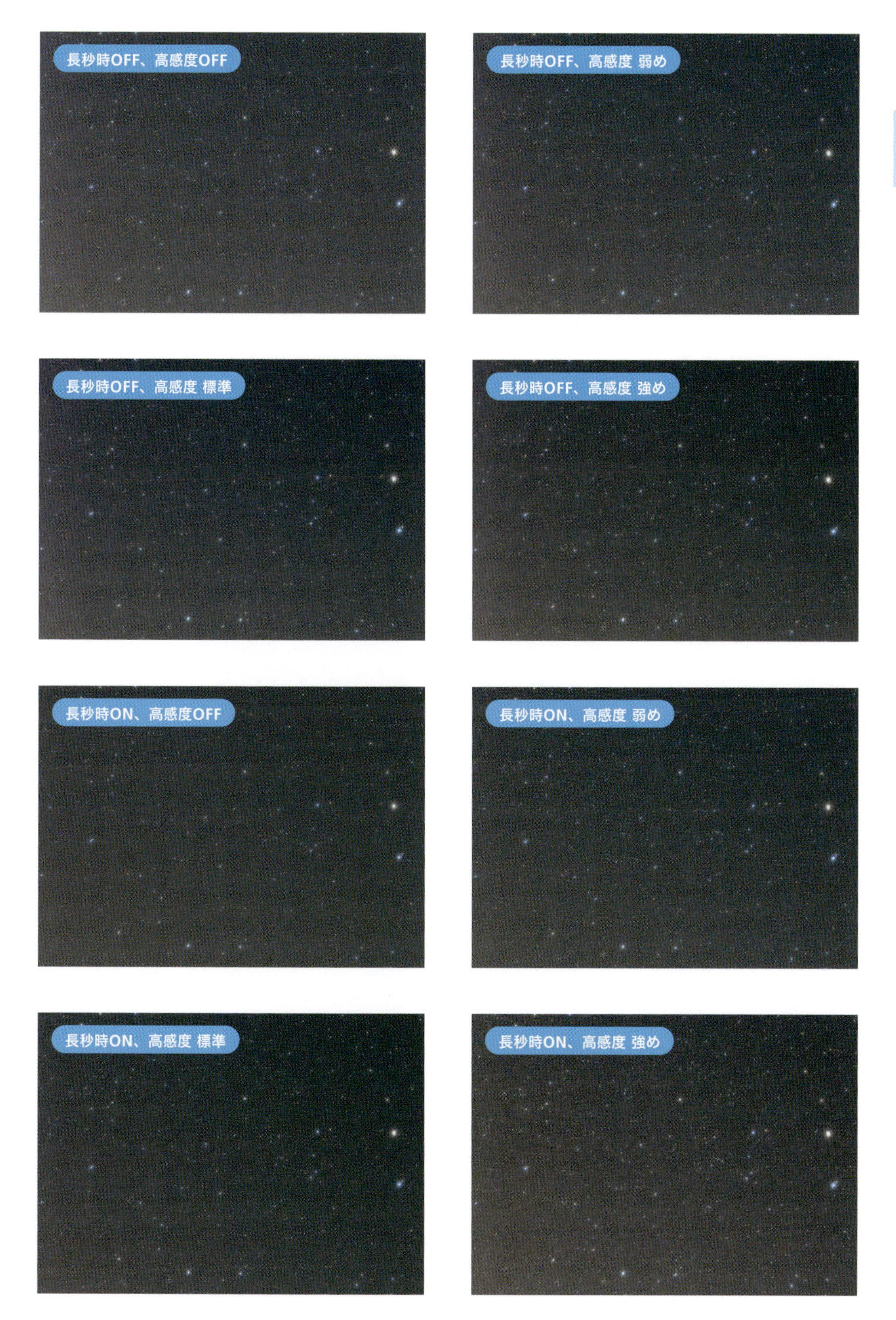
長秒時OFF、高感度OFF
長秒時OFF、高感度 弱め
長秒時OFF、高感度 標準
長秒時OFF、高感度 強め
長秒時ON、高感度OFF
長秒時ON、高感度 弱め
長秒時ON、高感度 標準
長秒時ON、高感度 強め

デジタル一眼レフカメラのレンズの名称

一眼レフ用のレンズには短焦点レンズとズームレンズがあります。固定された焦点距離を持つレンズを「単焦点レンズ」、写せる範囲を自在に変えられるレンズを「ズームレンズ」といいます。単焦点レンズは決まった範囲しか写せないのに対して、ズームレンズは１本で単焦点レンズ数本分の焦点をカバーできる便利さがあります。

天体の撮影には比較的設計に無理のない単焦点レンズが適しています。ズームレンズは明るさ（開放F値）の点でやや劣りますが、最近ではかなり性能が上がり、目的に応じて使い分けることができるようになってきました。

単焦点レンズ

広角単焦点レンズ（絞りリングなし）

広角単焦点レンズ（絞りリングあり）

● ズームレンズ

広角ズームレンズ
ズームリング
フォーカスリング
距離目盛
フォーカスモード切り換えスイッチ
焦点距離目盛

望遠ズームレンズ
フォーカスリング
距離目盛
ズームリング
焦点距離目盛
三脚座リング
レンズマウント
フォーカスモード切り換えスイッチ
フォーカス制限切り換えスイッチ
手ブレ補正スイッチ
手ブレ補正モード切り換えスイッチ
三脚座

カメラレンズの画角

「画角」とは、簡単にいうと写真の写る範囲のことです。正確にいうと、デジタルカメラではイメージセンサーに写すことができる被写体の範囲のことで、画面の対角線の角度、もしくは画面の縦と横の角度で表わします。画角は使用するレンズの焦点距離によって変化します。焦点距離が短い広角レンズでは広い範囲を写し撮ることから「画角が広い」、長い望遠レンズでは狭い範囲を写し撮ることから「画角が狭い」と表現します。

焦点距離14mmのレンズでは対角線で114°、24mmでは84°など私たちがはっきりと認識できる視野の範囲をはるかに超えた領域を撮影できるのに対して、焦点距離50mmのレンズでは私たちの視野にもっとも近い対角線で46°、200mmでは私たちが1点を見つめた感覚に近い対角線で12°の範囲を写すことができます。つまり、画角が広いレンズでは撮影対象となる被写体は小さく、画角が狭い望遠レンズでは被写体は大きく写るのです。焦点距離が1/2になると画角は長さで2倍、写る面積は4倍になります。

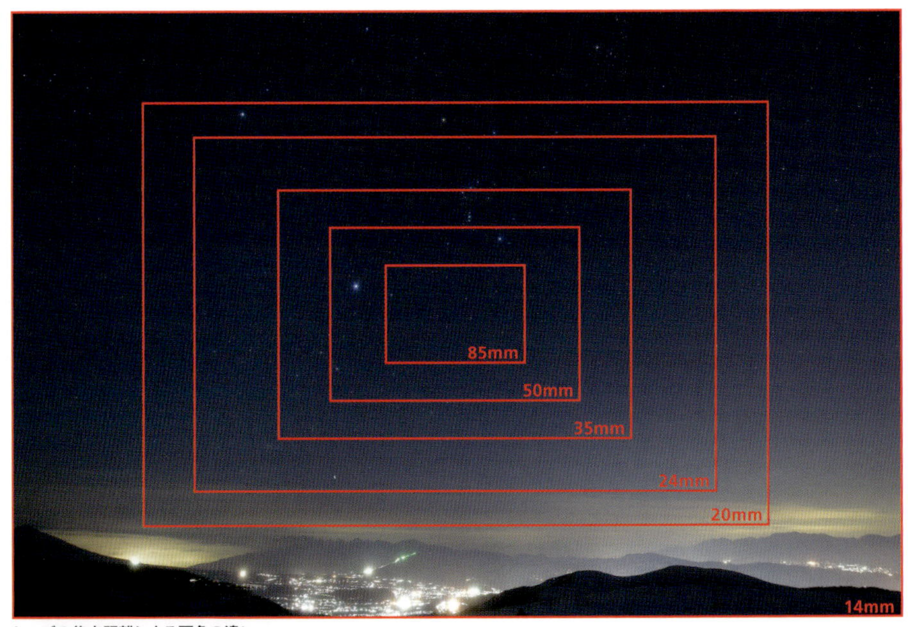

レンズの焦点距離による画角の違い
14mmの超広角レンズから85mmの中望遠レンズまでの画角の比較です。43ページの14mmレンズでの作例と同じ写真をベースにしているので、参考にしてください。

焦点距離別の画角と撮影できる月の大きさ

レンズの焦点距離	35mm判カメラの画角	対角線	月の像(mm)
14mm	104°×81°	114°	0.13
20mm	84°×62°	94°	0.18
24mm	74°×53°	84°	0.22
28mm	65°×46°	75°	0.25
35mm	54°×38°	62°	0.32
50mm	40°×27°	46°	0.45
85mm	25°50′×16°00′	28°30′	0.77
105mm	19°30′×13°00′	23°20′	0.95

レンズの焦点距離	35mm判カメラの画角	対角線	月の像(mm)
135mm	15°10′×10°10′	18°	1.2
180mm	11°30′×7°40′	13°40′	1.6
200mm	10°20′×6°50′	12°20′	1.8
300mm	6°50′×4°30′	8°10′	2.7
400mm	5°10′×3°30′	6°10′	3.6
500mm	4°10′×2°40′	5°	4.5
800mm	2°30′×1°40′	3°	7.2
1000mm	2°00′×1°20′	2°30′	9.0

月の像は平均的な視直径31′に対する大きさです

一般的に焦点距離が20mmよりも短いレンズを「超広角レンズ」、24～35mmくらいを「広角レンズ」、50mm前後を「標準レンズ」、70～135mmくらいを「中望遠レンズ」、おおむね200～300mmのレンズを「望遠レンズ」、400mm以上のレンズを「超望遠レンズ」とよんでいます。

デジタルカメラにはそれぞれサイズの異なるイメージセンサーが使われていますが、現在は35mm判フルサイズとよばれるセンサーが焦点距離や画角を表わす際の基準になっています。同じ焦点距離のレンズを用いて撮影した場合、35mm判フルサイズに対してAPSサイズやマイクロフォーサーズなどのセンサーではサイズが小さいぶんだけ写る範囲（画角）が30～50%ほど狭くなります（コンパクトデジタルカメラに使われているセンサーではもっと狭くなります）。その画角が何mmレンズで撮影したときと同じになるかを換算するときには、使った35mm判フルサイズのレンズの焦点距離をAPSサイズで1.5～1.6倍（メーカーで異なる）、マイクロフォーサーズで2倍して求めます。そして「35mm換算で○○mm相当」というように表わします。具体的には50mmの標準レンズを用いてマイクロフォーサーズのカメラで撮影した場合は2倍すればよいので、「35mm換算で100mm相当」という表記になります。つまり35mm判フルサイズのカメラに100mmレンズを付けて撮影した画角と同じという意味合いです。

どんな写真を撮りたいかで、選ぶレンズは変わってきます。魚眼レンズや超広角レンズといった広い画角のレンズでは天の川や黄道光など、広角レンズ（24～35 mm）は星座をいくつかまたは単体でとらえるのに適しています。中望遠レンズは小さな星座や星雲・星団の姿が写し出せ、望遠レンズだと星雲・星団をよりはっきりととらえられるようになります。ズームレンズは1本でいろいろな画角の写真が撮れるのが魅力で、広角系、望遠系、両方を兼ね備えたものなどバリエーションがあります。なお、天文シミュレーションソフトには撮影時の画角を星図上に表示する機能があるので、構図を検討するときに有効に活用できます。

レンズの焦点距離の違いによる作例

40ページで紹介したように、レンズの焦点距離によって写真の写る範囲は変わります。ここでは、焦点距離を少しずつ変えて写したオリオン座の作例を紹介しましょう。

今回は省きましたが、24mmと35mmの間の画角を持つ28mmレンズも星座や星の並びを写すのにとても使いやすいレンズです。また、85mmと200mmの間には105mm、135mm、180mmといった画角のレンズもあります。

なお、単焦点レンズでなくても、その焦点距離が含まれているズームレンズを使えば、同じ画角を得ることができます。

●8mm（全周魚眼レンズ）

カメラレンズの中でもっとも広い画角を有するレンズです。180°の円形の写野を持ち、空全体を写すことができます。オリオン座をはじめ、天空を横切る冬の天の川も撮影することができます。ただし、レンズの高さよりも上にあるもの（建物、樹木、近くに立つ自分の姿や懐中電灯の光など）はすべて写り込んでしまうので、撮影時には充分注意しましょう。

●16mm（対角線魚眼レンズ）

180°の画角を持つ全周魚眼レンズの円形の写野に内接するように設計されたのが、このレンズです。対角線方向に180°の画角を持ち、設計上、画面中心から離れれば離れるほど像が湾曲して写りますが、非常に広い範囲を写すことができます。全周魚眼レンズでとらえるよりオリオン座の存在感が増しています。

2

●14mm

14mmレンズは超広角レンズに分類され、市販されているレンズの中では魚眼レンズを除いてもっとも広い画角を有しています（ただし、最近は11mmレンズも登場しています）。対角線魚眼レンズのように大地が歪まないので、安定した構図が得られます。オリオン座、冬の大三角や冬の天の川の描写もよりはっきりしてきます。

●20mm

14mmレンズより画角はやや狭くなりますが、超広角レンズに分類されているレンズです。オリオン座の作例では地上を入れての撮影は厳しくなりましたが、天空に輝くオリオン座を主題とした写真の中では、もっとも広い範囲を写し撮ることができます。

●24mm

24mmレンズは広角レンズに分類され、明るいレンズを除けばわりあい価格的にも求めやすいレンズです。画角の広さも使いやすく、星座や星の並び（本作例ではオリオン座や冬の大三角）をバランスよく写すことができます。なお、超広角レンズに分類されることもあります。

2

●35mm

35mmレンズは広角レンズに分類されますが、24mmレンズのような広い広角レンズとは一線を隔する、どちらかといえば標準レンズに近い空気感を出せるレンズでしょう。焦点距離が長くなるぶん、オリオン座の描写や星ぼしの解像度も上がってきます。縦構図にすれば、オリオン座の全景も余裕を持って写すことができる焦点距離です。

●50mm

50mmレンズは標準レンズとよばれ、私たちの視野の感覚にもっとも近いレンズといわれています。コストパフォーマンスに優れ、扱いやすいので、常備したいレンズの一つです。ベテルギウスから三ツ星を隔ててリゲルまでのオリオン座中心部をバランスよくとらえることができます。

●85mm

85mmレンズは中望遠レンズに分類されます。一般の写真ではポートレイト撮影に使われることが多いレンズで、明るいものが多く、天体撮影向きのレンズといえます。このくらいの焦点距離になると、三ツ星の下にあるオリオン座大星雲の存在もよりはっきりしてきます。

●200mm

200mmレンズは望遠レンズに分類され、私たちが一点を見つめた感覚に近い画角を持っています。このくらいの焦点距離になると、構図を工夫すればオリオン座大星雲と三ツ星をバランスよく撮影できます。オリオン座大星雲の姿形がはっきりとわかるようになってきます。

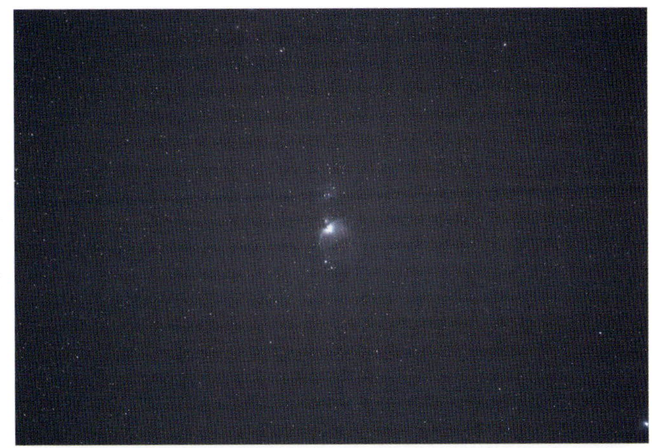

●500mm

焦点距離500mmの天体望遠鏡にカメラを取り付けて撮影したものです。オリオン座大星雲の淡いガスの存在がよりはっきりわかるようになります。なお、超望遠レンズとよばれる同じくらいの焦点距離のレンズも市販されていますが、レンズの構成枚数が多くなるため、シンプルな光学系の天体望遠鏡の方がシャープでクリアな写真を撮ることができます。

●1000mm

焦点距離1000mmの天体望遠鏡にカメラを取り付けて撮影したものです。オリオン座大星雲のガスの流れる様子がより詳細にとらえられているのがわかります。このくらいの焦点距離になると、大気の揺らぎの影響を受けやすくなるので、撮影はできるだけ揺らぎが少ない夜に行なうのが望ましいです。

カメラレンズの絞りと星像

レンズの能力を表わす要素は「焦点距離」と「口径（有口径）」の2つです。焦点距離は撮影できる像の大きさと画角を決め、有口径は像の明るさを決めています。レンズの焦点距離をレンズの有効径で割った数値は「開放F値」とよばれており、そのレンズ本来の明るさを表わしています。レンズには焦点距離と明るさ（開放F値）が表記されています。

レンズには入ってくる光の量を調整する「絞り」という機構があります。開放F値が1.4のレンズに入ってくる光の量を半分にする絞りの値はF2、さらに半分（開放F値の1/4）にする絞りの値はF2.8、さらにその半分（開放F値の1/8）にする絞りの値はF4になり、同様に開放F値の1/16はF5.6、1/32はF8、1/64はF11、1/128はF16と表わされます。

レンズを絞るメリットの一つは、コマ収差などによる画面周辺部の星像描写の改善です。絞ることによって画面中央付近も徐々にシャープになります。

ただし、カメラレンズを絞ると星像は良くなりますが、露出時間が長くなります。

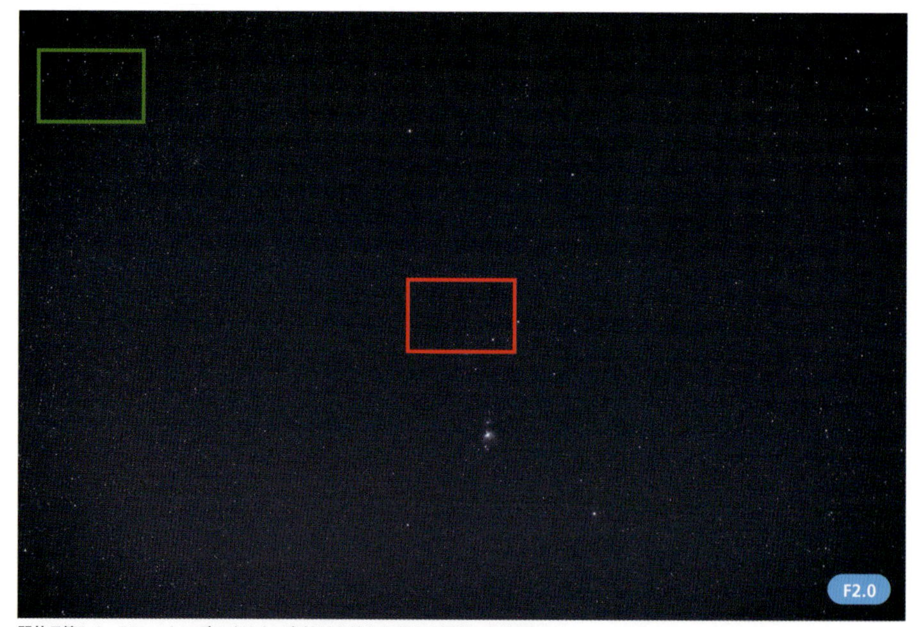

開放F値1.4、50mmレンズでオリオン座付近を絞りを変えて撮影した作例1
同じ画角で絞りを変えて撮影した写真から、赤枠・緑枠の部分をそれぞれ抽出したのが右ページです。絞り開放（F1.4）では画面中心部の星像はやや甘く、画面左端では星像が大きく乱れていますが、絞るにしたがって改善されていく様子がわかります。

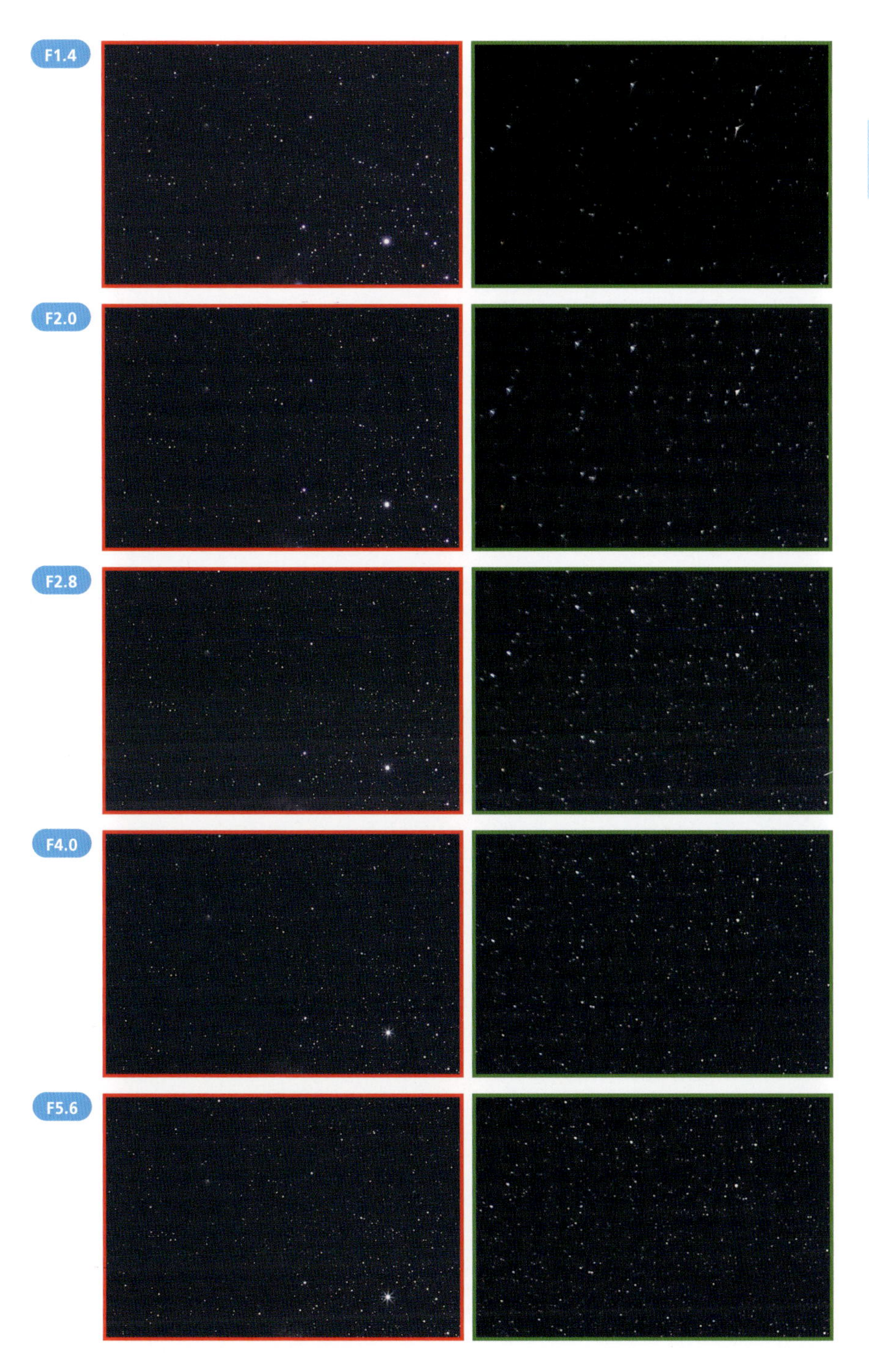

2

カメラレンズの絞りと周辺減光

レンズを絞ることのもう一つのメリットは、画面中央部よりも周辺付近が暗くなる「周辺減光」の改善です。周辺減光は、斜めからレンズに入ってきた光がレンズの一部しか通らない「口径食」という現象によって起こります。口径食は絞るにしたがって改善されていくので、周辺減光も目立たなくなっていきます。作例として、絞りを変えてオリオン座付近を撮影した周辺減光の様子を示します。

しかしながら、絞ることによるマイナス面も生じてきます。入ってくる光の量が減少するぶん、露出時間が長くなったり、ISO感度を高くしたりする必要が出てくるのです。46ページでのべた星像の描写の改善と周辺減光の改善、この両者のバランスを考慮しながら撮影することが大切です。実際の撮影ではF2.8前後がバランスの取れた絞りになります。

現行の一眼レフデジタルカメラなどでは、あらかじめレンズの諸収差や周辺減光などのデータを記憶させておくことによって、撮影時にその影響を緩和することができるようになってきました。

開放F値1.4、50mmレンズでオリオン座付近を絞りを変えて撮影した作例2
レンズは46ページと同じレンズを使用しました。F1.4では目立っていた周辺減光が、F2.8、F5.6となるにしたがって、改善されていく様子がわかります。

F2.8

F5.6

カメラ三脚のいろいろ

三脚の素材
三脚の素材には大きく分けてアルミ合金とカーボンがあります。一般的にサイズが同じであればカーボン製の三脚の方が軽く、振動をよく吸収するため、ブレにも強いのですが、価格は高くなります。アルミ合金製は手ごろな価格のものが多いですが、重量が重くなります。しかし、重量があれば風による振動にも強くなりますから、持ち運びやすさを考えなければアルミ製の三脚を選ぶ利点もあります。用途と予算に応じて選ぶとよいでしょう。

天体写真の星空の撮影では、どんなにF値が明るいレンズを使ったとしても、露出時間が数秒は必要です。そのため、しっかりとカメラを支えることができ、少しくらいの風では動かない頑丈な三脚が必要です。とはいえ、推奨積載重量が1kgを切るような、小型の一眼レフカメラもしっかりと支えられない三脚は使えませんが、やみくもに重くて大きいものがよいというわけでもありません。機材の大きさに対して大き過ぎるとかえって使いづらくなります。

最初に選ぶ三脚としては、推奨積載重量が3〜5kg程度の中型三脚がおすすめです。このクラスであれば三脚の重量も2kg前後と手ごろで、広角レンズを使った星空の風景写真はもちろん、ポータブル赤道儀と広角〜標準レンズを組み合わせた撮影にも利用できるので便利です。

ポータブル赤道儀に望遠レンズを組み合わせて撮影する場合は、積載可能重量が5kgを超えるような大型の三脚が必要です。このクラスになると三脚の重量も3kgを超えるものが多くなりますが、風が強いとき、長時間にわたるタイムラプス撮影のときなどにも安心なので、2本目の撮影機材として持っておくとよいでしょう。

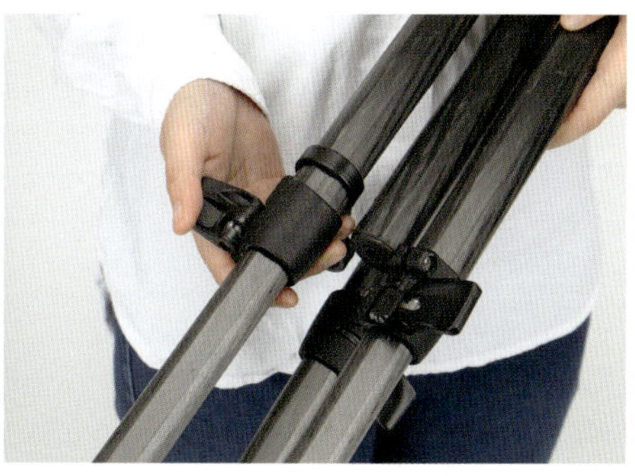

脚のロック
三脚を伸ばして止めるときのロック方法は、大きく分けてナットロック式（写真左）とレバーロック式（写真右）があります。レバーロック式の方がワンタッチで止められるので手軽ですが、経年変化でロックがゆるくなってしまうことがあります。一方、ナットロック式の場合は、ロックナットを回転させて脚を止めるため、機械的な信頼性はとても高いのですが、ワンタッチで止められないという点と、締め付けが不充分だとカメラを載せたとき三脚の脚が縮んでしまった、という事故が起きやすい欠点があります。また、最近ではウルトラロック式という、脚全体を回転させることによってロックする三脚もあります。

脚の段数
三脚は、一本の脚が何本のパイプで構成されているかを段数で数えてよびます。左の写真は3段、右の写真は6段の三脚です。脚を伸ばしたときの高さが同じ場合は段数が少ない方が強度の面では有利です。しかし、脚を畳んだときの全長は大きくなります。使用目的や携行性を考えて選ぶとよいでしょう。

脚の先端（石突）
脚の先端の地面に着く部分を石突（いしづき）といいます。ゴム製のものが多いですが、スパイクを内蔵したもの（写真）もあり、氷や硬い地面の上ではとても便利です。製品によっては石突の部分だけ交換できるものもあります。

細ネジと太ネジ
カメラと雲台、雲台と三脚をそれぞれ固定するネジはおもに2種類あり、ネジの大きさから細ネジ（UNC1/4）と太ネジ（UNC3/8）とよばれます。現在ではほぼすべてのカメラが細ネジを採用していますが、三脚と雲台をつなぐネジは細ネジと太ネジが混在しているので、三脚と雲台を別々に用意する場合は注意しましょう。細ネジを太ネジに変換するアダプターもあります。

雲台のいろいろ

左から3ウェイ雲台、ワンストップ（フリーターン）式雲台、自由雲台（ボールヘッド）。

カメラを任意の方向に向けるために、三脚とカメラの間に取り付ける装置を雲台とよびます。撮影目的に応じていろいろなタイプのものがありますが、大きく分けると3ウェイ雲台、ワンストップ（フリーターン）式雲台、自由雲台（ボールヘッド）の3タイプがあります。

3ウェイ雲台はカメラを上下、左右、斜め（傾き方向）の3軸方向に動かすことができるもので、上下、斜め方向に動かすためのパン棒とよばれるハンドルをそれぞれ1本ずつ備えています。動かすときにはこのパン棒をひねり、ロックを緩めて操作します。水平方向に動かすには、パン棒とは独立したノブを緩めることにより、動かすことができます。3ウェイ雲台はそれぞれの方向に対して一つずつ操作できるので細かい構図決めには使いやすいのですが、天体写真の撮影で使う場合は、構図によっては、パン棒と三脚の脚が干渉してしまい、カメラを取り付ける方向を工夫しなければならないことがあります。

3ウェイ雲台の発展型として、微動雲台があります。ハンドル部分にある微動用のノブを回して少しずつ動かすことができるため、微妙な構図の調整が必要な場合にとても便利です。しかし、大きく構図を変えることが多い撮影には向いていません。

ワンストップ（フリーターン）雲台はパン棒1本で上下、左右方向にカメラを動かすことができる雲台です。1本のパン棒を緩めると2方向に動かせるため、すばやい構図決めができますが、天体写真撮影では3次元方向にカメラを動かし、構図を決め

構図の微調整に便利なギア付き雲台
雲台には3ウェイのギア付きタイプもあります。撮影時の構図の微調整やポータブル赤道儀の極軸調整に便利です。写真はマンフロットのギア付きジュニア雲台。

クイックシュー
カメラにアダプターを取り付け、雲台にカメラをワンタッチで取り付けられるようにした、クイックシューという機構が付いた雲台もあります。毎回ネジを回さなくてもカメラを取り付けることができるので便利です。

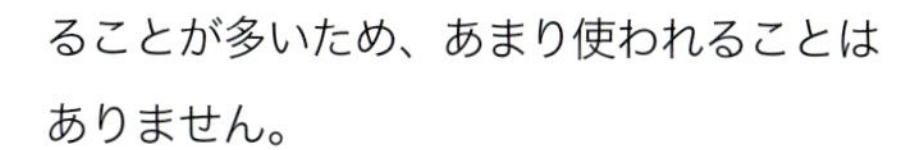

ることが多いため、あまり使われることはありません。

自由雲台は1つのストッパーを緩めるだけで、どの方向にも動かすことができる雲台です。文字どおり自由な方向にカメラを向けることができるため、さまざまな方向にカメラを向ける天体写真撮影には非常に適した構造です。パン棒がなく、突起も少ない構造なので、赤道儀にカメラを載せる場合や、魚眼レンズで撮影する場合にも雲台との干渉が少ないのが特徴です。

しかし、構図を調整しているときにカメラは自由に動くため、細かい構図の調整がむずかしい場合がありますが、高級な自由雲台には、雲台の動きやすさ（トルク）を調整する装置が付いたタイプもあります。

また、カメラの大きさに対して小さな自由雲台を使用すると、撮影中にカメラが動いてしまうことがあるので、充分な大きさのものを使いましょう。

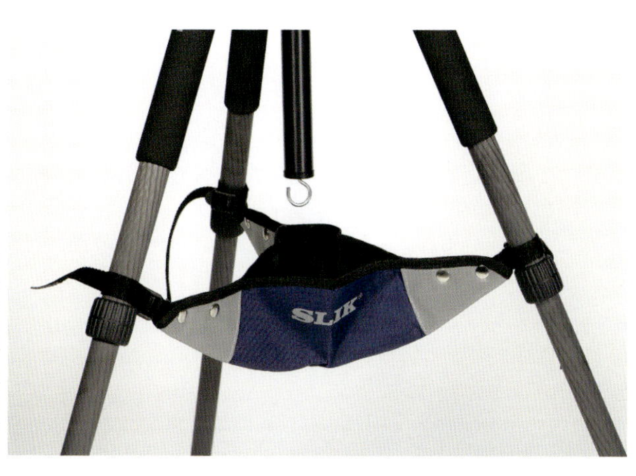

ストーンバッグ
三脚の脚に取り付け、石や使っていない機材など、おもりになるものを置くことで重心を下げ、安定度を増すために使うのがストーンバッグです。軽量な三脚の安定度を高めることができるアイテムですが、おもりになるものを置き過ぎるとかえって不安定になるので注意しましょう。おもりの重量は三脚の最大積載重要の半分程度が目安です。

カメラ三脚の使い方

天体写真撮影は露出時間がとても長いため、三脚を使用します。三脚とは読んで字のごとく三本の脚の上にカメラを取り付けて使う道具で、構造もシンプルなものですが、シンプルな構造だけに正しい使い方をしないと本来の性能が出ず、ブレの原因になったり、場合によってはカメラを倒して壊してしまうこともあります。ここでは三脚の基本的な使い方について解説していきましょう。

まず三脚を設置する場所は、なるべく平らで堅い地面を選びましょう。できればアスファルトやコンクリートの上がよいのですが、どうしても草の上や土の上に三脚を設置する必要がある場合は、三脚の足が浮石の上などに乗って不安定にならないように注意して設置場所を選びます。地面が柔らかい場合にはスパイク付きの石突を使うのもよいでしょう。また、地面が傾いている場合には、三脚の脚の長さを調節して三脚がまっすぐ立つようにします。くれぐれも三脚を傾いたままの状態で使わないでください。カメラを載せた三脚は重心が高いので、簡単に倒れてしまいます。

撮影しやすい高さまで三脚を伸ばします。三脚は伸ばせば伸ばすだけ重心が上がり不安定になるので、必要最低限の高さにするのがポイントです。

三脚を伸ばすときは脚の太い方から伸ばしましょう。高さを変えるときには脚をたたんでから行なうとスマートです。

砂地や草地、ぬかるんだ地面などに三脚を立てる必要がある場合は、三脚のジョイント部分に汚れが入り込まないように三脚のいちばん先端の脚を少しだけ伸ばしておきます。

三脚はエレベーター（カメラを上にあげる装置）や、エレベーターのロックダイヤルのある方（メーカーのラベルがある方向）を被写体に向けてセットするのが基本です。

撮影場所に三脚の脚をしっかり開いて置きます。このときに三脚を軽く地面に押しつけ、しっかり脚が固定できているかを確認しましょう。

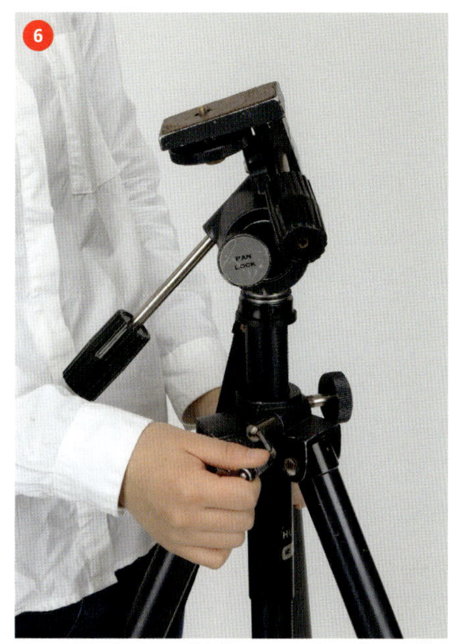

ブレの原因になるため、基本的にエレベーターは使わず、縮めておきます。

雪や氷の上に三脚を立てるには

雪や氷の上に三脚を立てる場合は注意が必要です。脚が沈み込むような雪の上や、とても滑りやすい氷の上に三脚を設置した場合、上から強く押し付けると、三脚の脚の付け根には外向きに広がる強い力がかかり、三脚が壊れてしまいます。これを防ぐには氷の上ならスパイクを、雪の上では沈み込まないようにあらかじめ雪をしっかり踏み固めたり、三脚用のスノーシューを使いましょう。

三脚用のスノーシューを取り付けた状態。

フィルムカメラ

フィルムカメラはカメラボディ内にフィルムを装填して撮影します。フィルムには「カラーリバーサルフィルム」と「カラーネガティブフィルム」、「白黒ネガティブフィルム」があり、カラーフィルムは撮影時の光源に太陽光を使う「デイライトタイプ」と、白熱電球を光源に使う「タングステンタイプ」に分けられます。

カラーフィルム、白黒フィルムそれぞれに異なるISO感度の商品があり、撮影目的に応じてさまざまなタイプから選びます。入手しやすく扱いも楽な「35mm判カメラ」には、幅が35mmの35mmフィルム（画面サイズ36mm×24mm）を用います。フィルムはパトローネとよばれる1軸の軽量な金属カセットに装填されています。

カメラへのフィルムの装填は57ページのような手順で行ないます。直射日光を避け、日陰や車中、室内で行なうようにしましょう。上位機種のカメラではモータードライブ（自動巻き上げ装置）が付いているので、フィルムの先をスプールに差し込んで裏ぶたを閉めると、自動で1枚目まで送ってくれます。撮影後は速やかにフィルムを巻きもどし、パトローネの中に確実に収めましょう。フィルムの先が出ていると、未撮影のものと勘違いして重ね撮りをしてしまうことがよくあるためです。

なお、フィルムカメラは「35mm判カメラ」のほかに、幅が61.5mmのブローニーフィルムを用いる「中判カメラ」、サイズが10cm×12.5cmの4×5（インチ）以上のシート状のフィルムを用いる「大判カメラ」があります。

35mm判フィルムカメラの各部名称（背面）

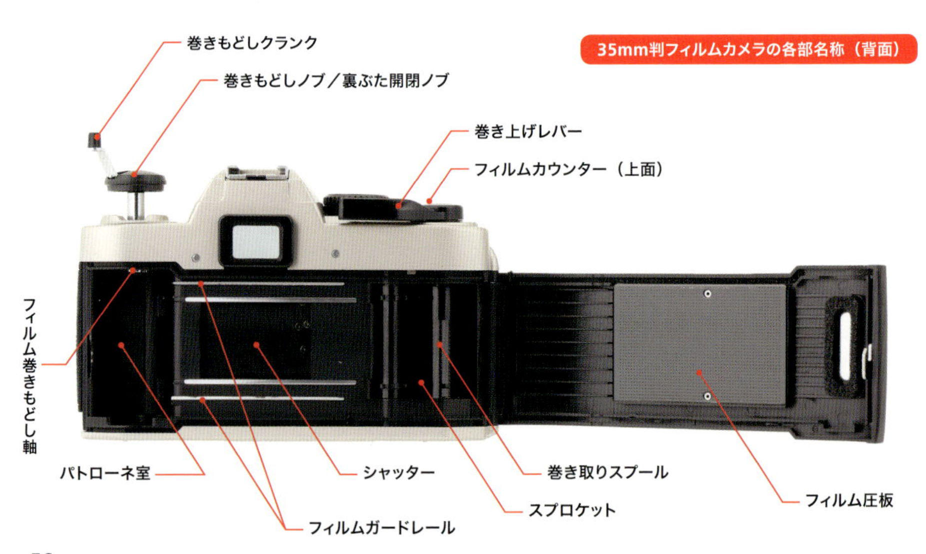

フィルム装填の手順

裏ぶた開閉ノブを強く引き上げ、裏ぶたを開きます。このときフィルムカウンターは「S」にリセットされます。シャッター部分には決して手を触れないように注意しましょう。

ブロアーを使って付着している塵や埃を吹き飛ばします。とくにフィルム圧版はていねいに。砂埃が付いていると、巻き上げ時にフィルムに傷をつけてしまう恐れがあります。

パトローネ室にフィルムを入れたら、巻きもどしノブを元の位置に下げ、フィルム巻きもどし軸をパトローネに噛み合わせます。そしてフィルムをパトローネから少し引き出します。

フィルムの先端を巻き取りスプールの溝に差し込み、フィルムの穴（パーフォレーション）をスプールの溝の下方にある爪に引っ掛けます。

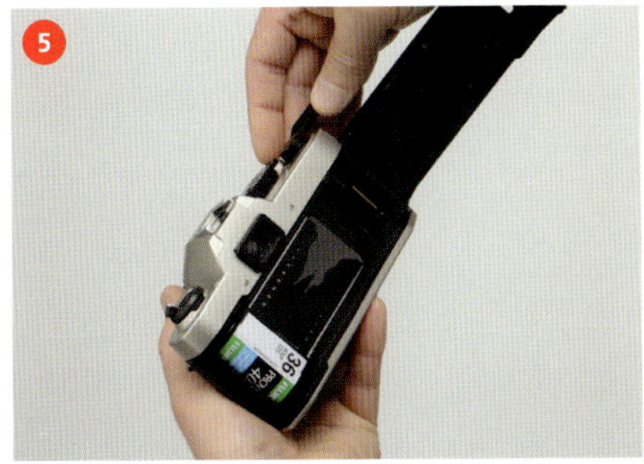

巻き上げレバーでフィルムを巻き上げます。上下のフィルムガイドレールの間をフィルムが正しく通っていること、フィルム両端の穴がスプロケットの歯に噛み合っていることを確認します。

裏ぶたを閉じたら、巻きもどしクランクを時計回りにゆっくり回してフィルムのたるみをなくします。巻き上げレバーでフィルムを巻き上げながらシャッターを切る動作を数回行ない、フィルムカウンターが「1」になるまでフィルムを巻き上げます。

撮影に持っていきたいもの

夜の天体撮影において暗闇を照らすライトは必需品です。両手を使って作業できるヘッドライト、手元だけを照らせる手元ライト、そして白色ライト以外にも目に刺激が少ない赤色ライトがあると便利です。

レンズが汚れたり夜露が付いたときのために、レンズ用クロスやブロアーも用意しておきましょう。

星座早見盤があると、見える星座や星の位置、名前などを確認することができます。パソコンやスマートフォンの星空シミュレーションソフト（アプリ）も同様に使えます。また、雲で北極星が確認できないときのために方位磁石もあると便利です。

そのほか、温度計やアクセサリーシューに付けるタイプの水準器などもあるとよいでしょう。カメラの予備バッテリーやメモリーカードも忘れずに。ライト用の予備電池もあると安心です。

スマートフォンの星空シミュレーションアプリ
スマートフォンには、星空シミュレーションアプリ、赤色手元ライトとして使えるアプリなどもあります。

SDカード（左下2点）、コンパクトフラッシュカード（上2点）、XQDカード（右下）
メモリーカードはタイプ、容量、書き込む速さはさまざまです。自分のカメラに適合するものを、撮影目的や対象によって選んで購入しましょう。

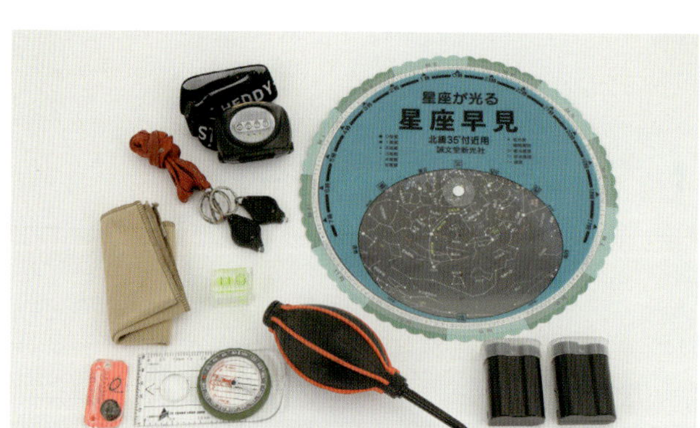

撮影にぜひ持っていきたいもの
寒い夜はカメラのバッテリーの消費が早くなります。メモリーカードも何かトラブルが起きたときの対応としても、予備はかならず持っていたいものです。なお、LED式のヘッドライトには白色光と赤色光を切り換えられるものもあります。自分の防寒用の上着類、温かい飲み物や夜食など、快適に天体撮影を楽しめる工夫をしましょう。

3

撮影のきほん

固定撮影で星空を撮ろう

固定撮影は天体写真の基本です。カメラ・雲台・カメラ三脚というシンプルな機材構成で気軽に撮影することができます。カメラ三脚を地面にしっかりと固定し、雲台にカメラをセットして構図を決め、シャッターを切ればよいのです。

星は地球の自転によって常に東から西に向かって動いています。カメラを動かさずに撮影する固定撮影では、シャッターを開けている時間（露出時間）が長くなればなるほど、星が動いていく様子が軌跡となってわかるようになります。

しかし、私たちが夜空を見上げたときに見える光景は、星たちが一つ一つの点として輝いている姿です。その光景を撮影したい場合は、星の動きがはっきりとわかり始める前にシャッターを閉じます。そうすれば星を点像のイメージで写すことができ、目の前に見ている光景をリアルな1枚として残すことができます。

一方、シャッターを長く開ければ開けるほど、星は伸びて写るようになり、徐々に線を引くようになります。つまり、星が夜空を動いた様子を軌跡として撮影することができます。

星や星座の知識、方位による星の動き方の違いや、地球の公転による星空の季節変化などを理解し、それを撮影に活かしていくと表現のバリエーションも広がります。固定撮影は一見簡単に感じますが、前景の選び方や構図など、感性がストレートに現われるので、なかなか奥が深い世界です。

固定撮影に必要なもの
カメラ、レンズ、レンズフード、レリーズ、カメラ三脚。天体写真の基本である固定撮影から、まずスタートしてみましょう。

富士山とおおいぬ座
露出時間を短くすれば、星は肉眼で見たイメージに近い点像で写ります。　58mm 絞りF2.5 露出05秒 ISO3200

夏の大三角付近
露出時間が長くなると、星は動いたぶん軌跡となって写ります。　24mm 絞りF3.5 露出14秒×120コマを比較明合成 ISO2500

固定撮影の手順

星空を固定撮影で撮影する手順はそれほどむずかしくはありません。基本的には三脚を使った昼間の風景の撮影と同じで、露出時間だけが長くなると考えればよいでしょう。もちろん、露出時間が長くなるのでカメラをしっかり固定できる三脚とカメラを触らずにシャッターが押せるレリーズ(リモートコード)は必要になります。

三脚に載せるものはカメラとレンズだけですから、三脚はそれほど大型のものではなくても大丈夫ですが、中型以上のサイズなら安心です。

また、撮影の成功には場所選びがとても大切です。少しくらいの傾斜なら問題ありませんが、できる限り平らで堅い地面にカメラをセットしましょう。車の出入りがほとんどないところなら公共の駐車場などもよいでしょう。ただし、車の出入りのある場所では通行の妨げにならない場所に、また、人が多いところでは、三脚につまずくことがないよう、少し離れた場所に三脚を立てましょう。

風景も入れて撮影することが多い固定撮影では、結果が撮影場所に依存するので、日のある明るいうちに下見をして、周囲の風景や三脚を立てる場所を確認しておくのがおすすめです。

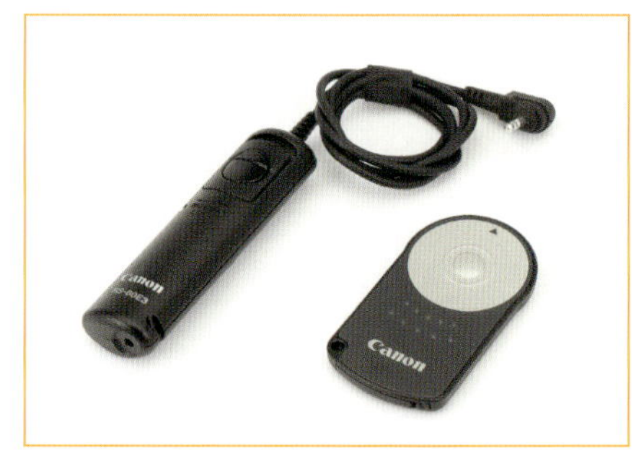

レリーズ（リモートスイッチ、ワイヤレスリモートコントローラー）
レリーズにはカメラボディに接続する有線のものと、ワイヤレスのものがあります。リモートスイッチはボタンをロックできるので長時間露出に便利です。レリーズはカメラに触れずにシャッターを押せる、天体写真には欠かせないものです。

雲台にカメラをセットします。カメラを固定する雲台のネジをしっかりと締め、固定しましょう。

2

モードダイヤルをM（マニュアル）かB（バルブ）にセットします。30秒ほどの露出時間ではマニュアルモード、それより長い露出時間の場合は、シャッターを押している間ずっと露出を続けるバルブモードにします。絞りは開放から1段ほど絞り込むと画面周辺の画質低下が抑えられますが、開放F値が3.5や4といった比較的暗いレンズでの撮影で、あまり露出時間を長くしたくない場合は開放でもかまいません。

3

遠くの街灯りや星を使ってマニュアルモードでピントを合わせます。ファインダーではわかりづらいので、ライブビュー画面で星を拡大してピントを合わせるとよいでしょう。市販のルーペを使うと楽にピント合わせができます。少し暗めの星を利用すると、ピントのピークがわかりやすいです。

4

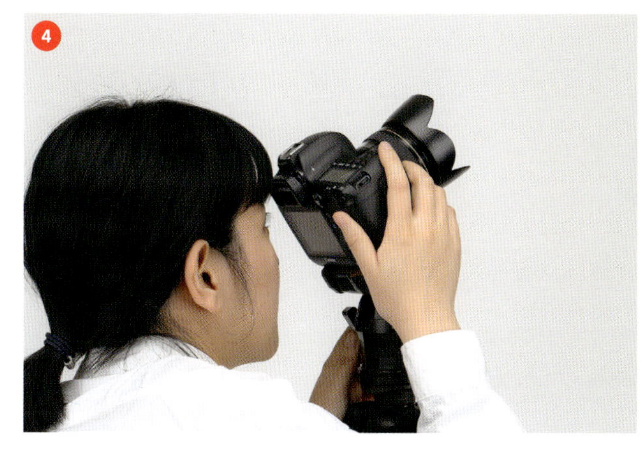

マスキングテープ

ピント合わせが終わったら不用意にピントリングが動かないようにテープで固定すると安心です。このときAF切り替えがマニュアルになっているか確認しておきましょう。

ピント合わせが終わったら構図を決め、最後に水平がきちんと出ているかを確認します。水準器はカメラ内蔵のものでも、外付けのものでも、使いやすい物でよいのですが、カメラを天頂付近に向けるとカメラ内蔵の水準器は作動しなくなってしまうので、アクセサリーシューに付けるタイプの気泡管式の水準器も用意しておくと便利です。

構図が決まったらレリーズを取り付けます。

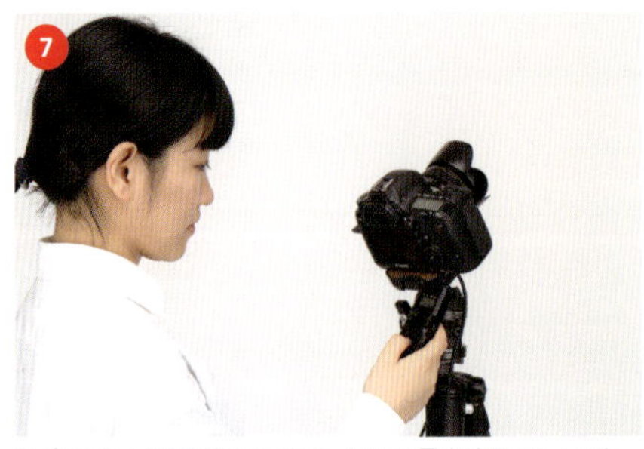

まずはテスト撮影を行ないます。短めの露出時間でシャッターを切ってみましょう。

テスト撮影の結果を見て本番の露出時間を決めていきます。このとき、露出時間を少しずつ変えて撮影するよりも、「15秒で少し暗かったから30秒でもう一度テスト撮影を行なう」といったように、大きめに露出を変えてテストしてみるとよいでしょう。

スマートフォンでの撮影

スマートフォンの写真アプリの機能は、技術がどんどん進歩し、月などの天体を含めた風景写真が美しく写せるようになりました。ただ、手軽に撮るスナップ写真とはいえ、ブレないように撮影するのはむずかしいものです。ブレがなるべく起こらないようにするには、スマートフォンを両手にしっかり持ち、脇を締めます。腕はあまり伸ばしすぎないようにしましょう。スマートフォンの機種によっては、画面にグリッド線を表示する設定もあります。水平をとる場合はグリッド線に合わせるように構図を決めて、シャッターボタンを押しましょう。

また1/4インチネジが搭載されたアダプタにスマートフォンをセットし、カメラ三脚の雲台に取り付ければ、さらに本格的な撮影ができます。シャッターを切る際には、セルフタイマー設定や、スマートフォン用のレリーズを使用することをおすすめします。ほかにも、手軽に持ち運びができるスマートフォン用三脚や、自撮り棒も多く販売されています。100円ショップでも購入できるので、積極的に取り入れて、日々の撮影に活用してみましょう。

手持ちで撮影する場合は、自分が三脚代わりとなることを意識して、両手でしっかりスマートフォンを固定しましょう。

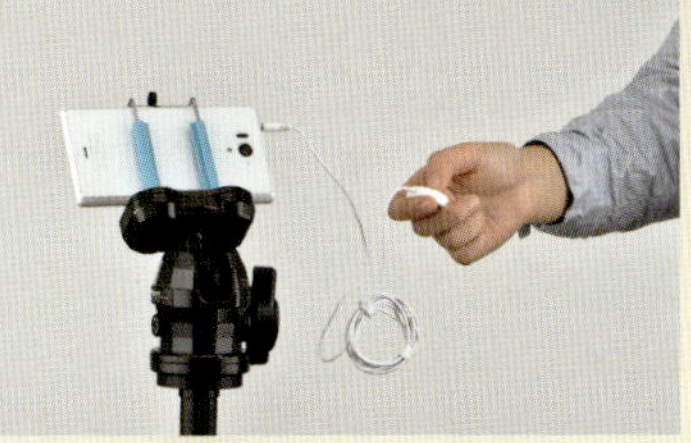

市販のアダプターに取り付けたスマートフォンを、カメラ三脚にセットして撮影。端末にレリーズをさせばブレずに写せます。

スマートフォンのカメラで撮影した夕景

固定撮影での注意点

まずは最初に撮影する場所を慎重に選ぶことが大切です。近くに明るい街灯や電線がある場所は避け、地面がしっかりとした場所を選びましょう。ぬかるんでいたり、傾斜していたり、砂浜のような場所では撮影中の三脚が沈んだり傾いたりする可能性が高くなります。三脚をただ地面に置くだけでなく、しっかり安定させるように工夫しましょう。また、三脚は脚をしっかりロックし、三脚に取り付けた雲台が固定されているか、雲台に取り付けたカメラもきちんと固定されているか、撮影を始める前にかならず確認しましょう。

撮影中は自ら三脚を蹴ったりしないよう、自分の立ち位置にも注意を払い、ほかに撮影している人が近くにいるときは、周りの機材にも気を配りましょう。加えて、撮影中にライトを使うときは、自身のカメラや周りの人のカメラのレンズに光が入らないよう、また周りの風景を照らしたりしないよう気を付けましょう。

長時間の撮影になる場合は、夜露や霜がレンズに付着することがあるので、ときどき確認する必要があります。とくに湿度が高い夜は、ヒーターをレンズフードに装着して撮影すると安心です。

モバイルバッテリーを利用する、結露防止用ヒーター。

ここで書いたことは撮影全般に共通していえることです。基本的な注意点を抑えて、天体撮影を楽しみましょう。

撮影時のモニターの明るさ

デジタルカメラの液晶画面は日中や室内の使用ではそれほど明るく感じることはありません。屋外の直射日光の下では逆に見えづらいこともしばしばです。

しかし、夜間の、しかも暗所で使用することが多い天体撮影では、画面が明る過ぎて目がくらみ、暗い星が見えづらくなったり、足下がおぼつかなくなったりすることがあります。

思わぬ怪我につながったらたいへんですし、撮影の効率も悪くなれば大切な撮影チャンスを逃してしまうかもしれません。

夜間の天体撮影のときはモニターの明るさを調整することをおすすめします。現在市販されている一眼レフデジタルカメラ・ミラーレス一眼カメラ・コンパクトデジタルカメラのすべての機種で液晶モニターの明るさ調整が可能です。

カメラのメニュー画面のセットアップメニューに「モニターの明るさ」あるいは「液晶の明るさ」という項目があります。「メニュー・再生」、「ライブビュー」のいずれも±5段階程度で明るさが調整できます。最大に暗くしても、暗視順応している目には明るく感じることもありますが、それでも充分効果があります。

中には明るさだけでなく、画面全体の色を変えられる機種もあるので、目に負担の少ない色に変える工夫も必要です。メーカーやカメラの機種によって明るさの調整範囲も異なりますが、有効に活用したい機能です。

また、キヤノンのコンパクトデジタルカメラで「星空モード」を搭載している機種では、「暗所表示」という設定ができます。画面の明るさ設定に関わらず、文字が濃いオレンジ色に、バックも黒っぽく落ち着いた画面になり、暗所での星空撮影が快適に行なえます。

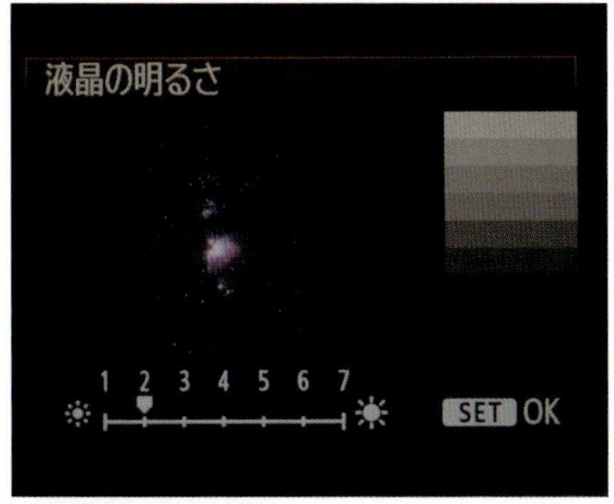

液晶を暗めに設定した状態

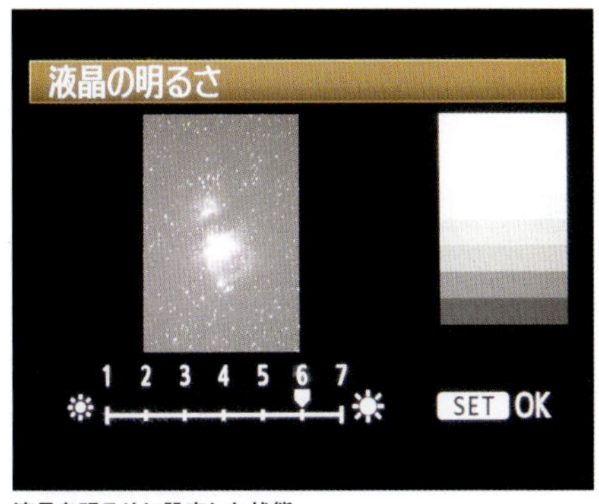

液晶を明るめに設定した状態

カメラの水平出し

星空の撮影で、地上の風景が写真に写り込む場合、カメラの水平をしっかり取っておくことは、作品作りのうえでとても大切です。

ただし、夜間に星を撮影する天体写真では、ほとんどの場合、明かりのない暗い場所で、しかも星という暗い被写体を撮影するので、カメラの構図を決める際にカメラファインダーをのぞいただけでしっかり水平を取るには慣れが必要です。

地平線などを頼りに水平を決めるのはなかなか困難ですから、水準器を使用して水平を出しましょう。水準器が内蔵されているカメラの場合、カメラ内蔵の水準器を使ってもよいのですが、超広角レンズや魚眼レンズを使う場合など、カメラが極端に上を向くと内蔵の水準器が機能しなくなってしまいます。そのような場合には昔ながらの気泡管を使った水準器で水平を合わせます。

カメラに内蔵された水準器を使い、モニターを見ながら水平を合わせるのが便利です。機種によっては、ライブビュー画面内やファインダー内に水準器を表示できるものもあります。

頭上高く見上げるような撮影の場合は、カメラ内蔵の水準器では水平がわかりにくくなります。このような場合は、気泡管を使った水準器を使います。

カメラのアクセサリーシューに取り付けるタイプの水準器もあると便利です。

カメラのピント合わせ

昼間の撮影ではオートフォーカスを使えば簡単にピントが合いますが、天体撮影では被写体がとても暗いのでオートフォーカスはほとんどの場合使えません。そのため天体撮影では、マニュアル操作でピントを合わせます。

天体写真ではカメラのライブビュー機能を使ってピントを合わせるのが基本です。ライブビューで星像を見ながら拡大して、正確にピントを合わせましょう。

無限遠と見なせる距離

焦点距離	距離
14mm F2.8	約3.5m
16mm F2.8	約4.5m
24mm F1.4	約21m
35mm F1.4	約44m
50mm F1.4	約89m
50mm F1.8	約69m
135mm F2.8	約325m
200mm F2.8	約714m
300mm F2.8	約1.6km

(許容錯乱円を0.02mmとした場合)

フォーカスモードをM（マニュアル）に合わせ、レンズをマニュアルフォーカスに切り替えます。

ピントはまず無限大（∞）の位置に合わせてからピント合わせをはじめます。

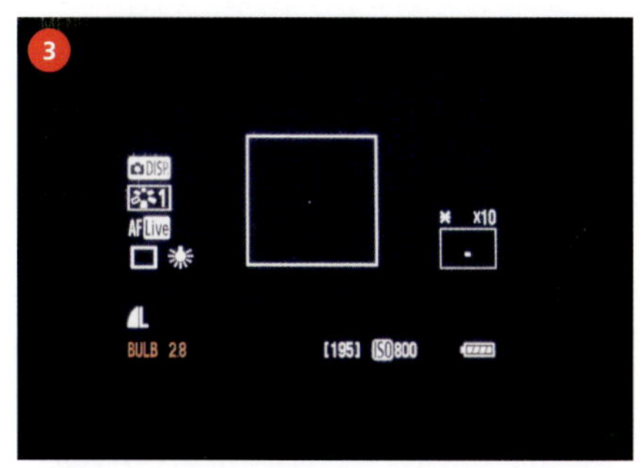

ライブビューにして明るい星付近を拡大していきます。なるべく画面中央付近の星にフォーカスリングを回してピントを合わせます。

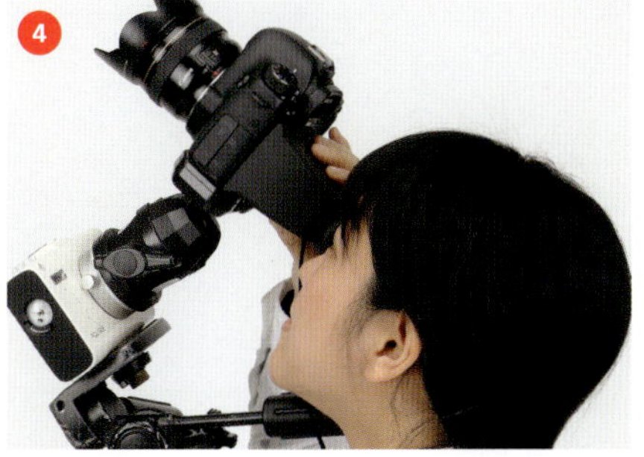

カメラのモニターの星が見えにくい場合は、カメラの液晶モニター用のルーペを使うと便利です。

星を止めて点像で写す

地球は約24時間で1回自転（約360°回転）することから、夜空を動く星の角度は、1時間でおよそ15°。1分間では15′、1秒間では15″動きます。カメラを三脚に据え付けて撮影する固定撮影では、その星たちの動きを写すことができます。

しかし、私たちが見上げる星は、線ではなく光の点として輝いています。その光景を固定撮影で写真に写し止めたいと思ったとき、どうすればよいでしょう。その答えはISO感度を高めに設定したり、明るいレンズを使うなどの工夫をしたうえで、星の動きがはっきりとわかる前にシャッターを閉じてしまえばよいのです。厳密には固定撮影で星を点像に完全に止めて写すことはできませんが、露出時間を調整することによって、カメラと三脚だけというシンプルなシステムでも美しい星空の風景を描写することができるのです。

星を点像イメージに写すためのおよその限界を表に示します。使用するレンズの焦点距離が長くなるほど星の動きが拡大されるので、露出時間は短くなります。また、星の見かけの動きは天の赤道（赤緯0°）付近でもっとも大きくなるので、露出をより短くする必要があります。

また、画素数が多い高解像度のイメージセンサーを搭載したカメラでは、星の動きがよりわかりやすいため、さらに露出時間を短くする必要があります。71ページはオリオン座の三ツ星付近（赤緯0°）での8秒、15秒、30秒露出で撮影した作例です。

星を点像に写すためのおよその限界露出時間

レンズの焦点距離	赤緯				
	0°	20°	40°	60°	80°
14mm	16秒	17秒	24秒	32秒	96秒
20mm	11秒	12秒	17秒	22秒	67秒
24mm	9秒	10秒	14秒	18秒	56秒
28mm	8秒	9秒	12秒	16秒	48秒
35mm	6秒	6秒	10秒	12秒	38秒
50mm	4秒	4秒	7秒	8秒	27秒
85mm	3秒	3秒	4秒	6秒	16秒
135mm	2秒	2秒	3秒	4秒	10秒
200mm	1秒	1秒	2秒	2秒	7秒

※イメージセンサーの中央で，星の移動量が16μmに達する時間

画面中央を拡大したもの

（50mmレンズ）
露出8秒では、星は点像のイメージに見えますが、拡大するとすでに流れ始めています。50mmレンズでは4秒が限界です。

画面中央を拡大したもの

露出15秒

（50mmレンズ）
露出15秒ではひと目で星が流れているのがわかるようになってきます。

画面中央を拡大したもの

（50mmレンズ）
露出30秒では星が流れているのが明らかです。

星の軌跡の長さ

星の軌跡が撮影できるライブコンポジット
オリンパスのミラーレス一眼カメラは、「ライブコンポジット」という機能を使って簡単に星の軌跡を撮影できます。写真は最新機種OM-D E-M1 Mark II。

星を止めて点像に写すための限界の露出時間を超えてシャッターを開け続けると、星は徐々に軌跡を引きながら線状に写るようになります。そして、露出時間が長くなればなるほど星の軌跡は長く写ります。

撮影に使用するレンズによって、星の軌跡の様子は変わります。そこで、24mmレンズと50mmレンズを用いて、それぞれ5分露出で撮影したオリオン座付近の星の軌跡の様子を見てみましょう（下写真）。

同じ5分間の軌跡でも、24mmレンズの方は星の動きが小さく、50mmのレンズでは星の動きが大きく感じられます。焦点距離の長い50mmレンズの方が大きく写すことができるぶん、軌跡がより長く写っているように見えるためです。このように使うレンズの焦点距離によって、同じ露出時間でもずいぶん雰囲気が変わります。

一方、73ページの写真は24mmレンズで冬の大三角付近の星空を、露出時間を変えて写した様子です。露出1分では点像に近く見えていますが、5分になると星の軌跡が見て取れるようになります。軌跡はだんだん伸びていきますが、10分くらいまでは星座や星の並びはだいたい認識できます。

固定撮影で星を流して星座や星の並びを表現するには5分〜10分程度の露出が適しています。20分を超えると星座や星の並びがわかりにくくなる反面、星の動きを軌跡の長さで表現することができます。そして露出が30分、60分を超えるとよりダイナミックになります。

24mmレンズによる星の軌跡の引き方

24mmレンズによる星の軌跡の引き方

24mmレンズによる星の軌跡の引き方

星の軌跡を得る方法

星の軌跡を得る方法の1つはフィルムカメラでの撮り方と同じ、シャッターを長時間開けたままにして撮影する方法。もう1つは短めの露出で構図を変えずに複数コマを撮影し、後に合成して軌跡を得る「比較明合成」です。

比較明合成とは、重ねていく画像どうしを比較して明るい部分を抽出していく方法です。そのため、位置が移動していく星の軌跡は長くなっていきますが、明るさの変わらない背景は変化しないため、明るい星の動きだけが軌跡となって表現されます。

長時間露出では、シャッターを開けたぶん夜空の背景がどんどん明るくなってしまうため、レンズを絞る、ISO感度を低く設定するなどの対策が必要になり、暗い星は写りにくくなります。一方、比較明合成は短めの露出時間で星空を写していくので、ある程度背景を明るく撮るため、絞りを開いたり、ISO感度を高く設定します。そのため、暗い星まで明瞭に写ります。

なお、最近のカメラでは、ライブコンポジットやインターバル合成など名称は各メーカーで異なりますが、カメラ内で比較明合成を行なうことができる機種も多くなってきています。

長時間露出した写真
シャッターを開けたまま5分露出した写真。暗い星は写りにくいですが、そのぶん星座の形や星の並びはわかりやすいです。

比較明合成　15秒露出画像×20コマを合成

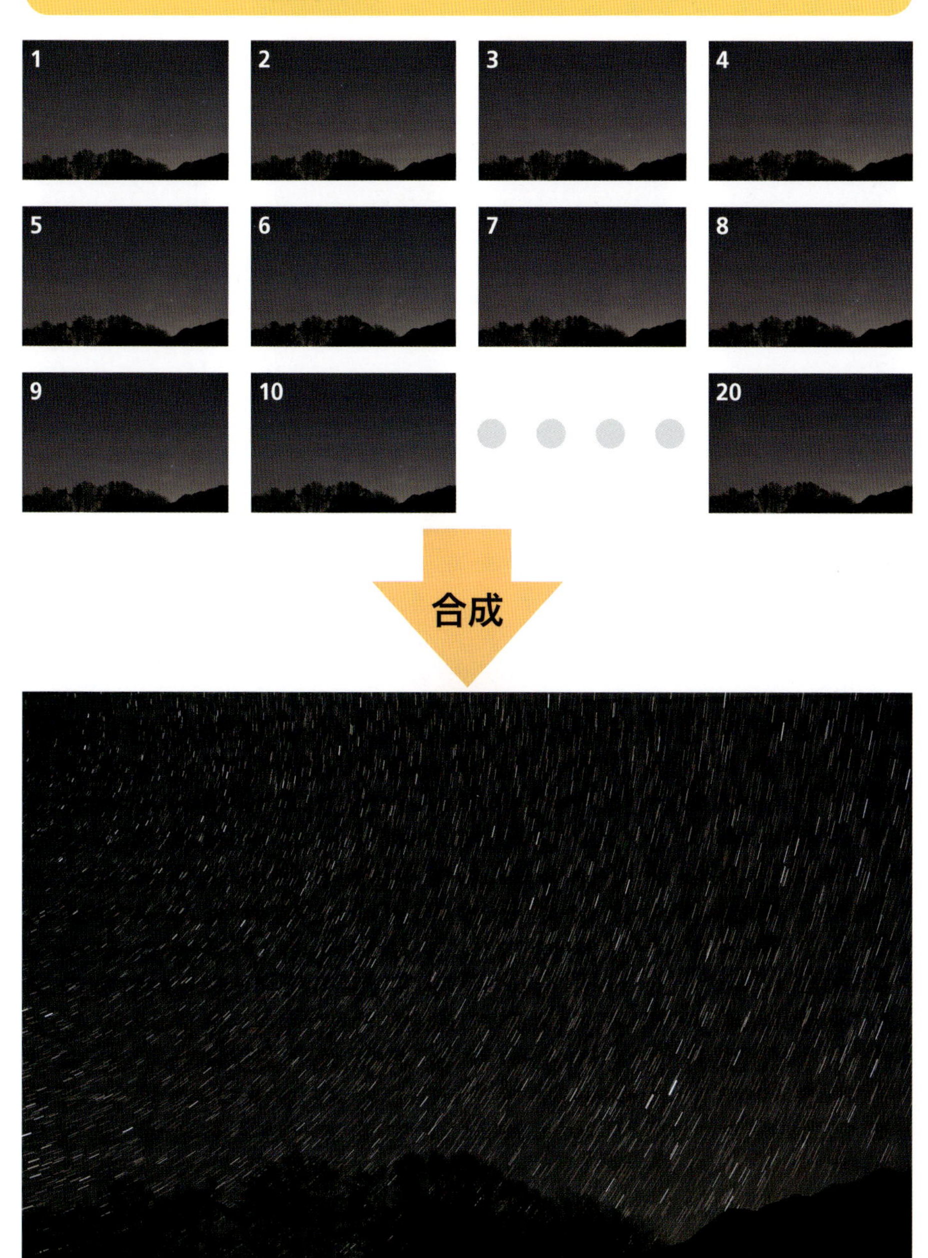

比較明合成した写真
15秒露出した画像を20コマ合成した写真（総露出時間5分）。左の写真とくらべると微光星まで写っているのがわかります。

3

星の軌跡の引き方

日周運動で星が描く軌跡の引き方は方位によって異なります。北の空の星は、地球の地軸の延長線上にある天の北極を中心に丸く円を描いて写ります。一方で、天の赤道にある星はまっすぐな軌跡を描きます。また、星の見かけの動きは天の北極や天の南極でもっとも小さく、天の赤道でもっとも大きくなります。同じ露出時間でも、方位によって軌跡の長さが変わるので、軌跡の引き方と相まってそれぞれ印象の異なった写真を撮影することができます。

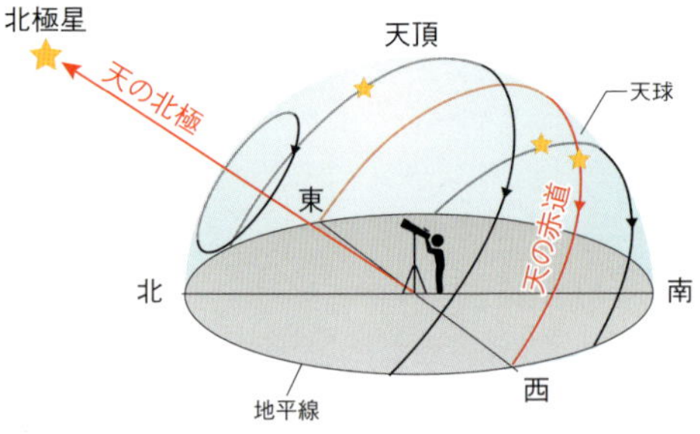

星の日周運動の様子
方位と高さによって、星の日周運動の様子は異なって見えます。北の空に向かって立ち空を見たとき、星は天の北極を中心に反時計回りに円を描いて動きます。逆に南の空に向かって立ち星を見ると、今度は星は時計回りに動いて見えます。

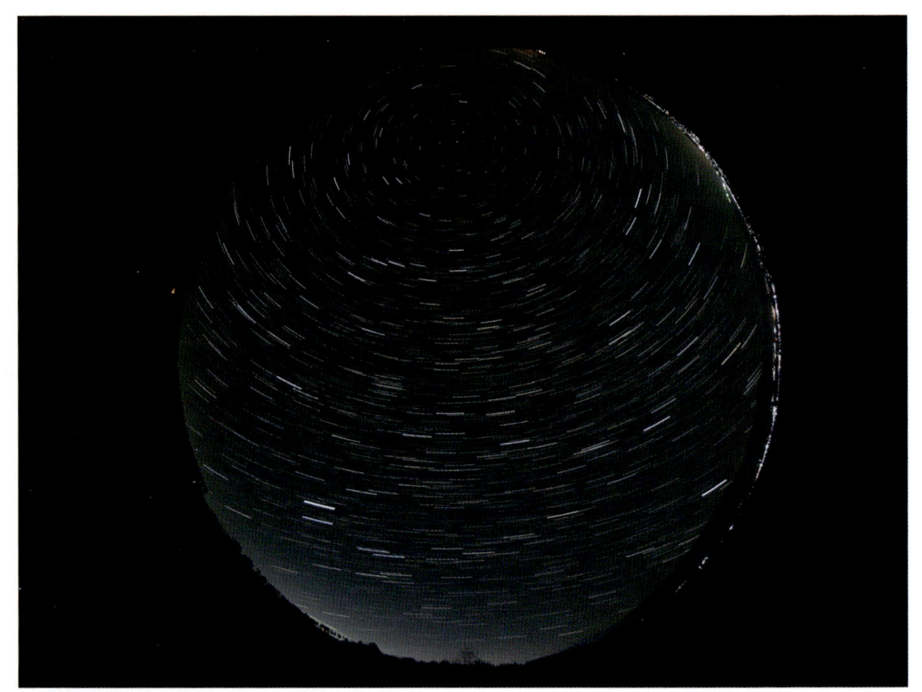

全天の日周運動
全周魚眼レンズを使い、春の全天の星の動きをとらえたものです。画面中央が天頂になります。 8mmレンズ　露出30分

北の空
北の空の日周運動の様子。天の北極を中心に同心円状に写り、離れるにしたがって軌跡が長くなっていくのがわかります。
24mmレンズ　露出30分

東の空
東の空に星が昇る様子。天の赤道の星はまっすぐ写りますが、離れるにしたがって次第に弧を描くようになります。
24mmレンズ　露出30分

西の空
西の空に星が沈みゆく様子。東の空同様に、天の赤道の星はまっすぐ写りますが、離れるにしたがって次第に弧を描くようになります。
24mmレンズ　露出30分

天の赤道
天の赤道付近の日周運動。天の赤道の星はまっすぐ写りますが、離れるにしたがって次第に弧を描くようになります。
35mmレンズ　露出30分

南の空
地平線を入れて撮影した南の空の様子。地平線に近いほど星が強く弧を描いています。地平線下に天の南極があるためです。
24mmレンズ　露出30分

カメラレンズによるガイド撮影

夜空に輝く星をはっきりと点像で写したい場合には、天体のガイド撮影を行ないます。ガイド撮影では赤道儀にカメラを載せて、星の動きを追いかけて撮影するため、点像として写すことができます。暗い星や淡い天体の光を記録することができるので、天体の姿をはっきりと写し出すことができます。とくに天の川は、固定撮影では明瞭に写せない暗黒帯をはっきりと撮影することができます。また流星の撮影では、流星が現れた場所をすぐに特定できるのが利点です。

地上の風景を構図に入れて撮影するとき、地上物が動いて写ることがガイド撮影の特徴の一つです。シルエットで写り込む山などは、あまり長く露出すると、何が写っているか、どこで撮影した風景なのかがわからなくなってしまいますが、露出時間を短めにして切り上げると、固定撮影の写真とは一味違う描写が得られます。ただし、遠くの街灯などの光源は明るい光の軌跡として写ってしまうので注意しましょう。

そして、ガイド撮影の前にかならずやらなければならないのが、赤道儀の極軸合わ

火星と土星、アンタレス
星の動きを追尾するガイド撮影では、長時間の露出でも星が点像で写ります。　50mm 絞りF2.8 露出30秒 ISO2000

せです。赤道儀の極軸を天の北極や天の南極に合わせる作業ですが、この設定がおろそかになると、赤道儀が星をきちんと追尾せず、星を点像に写すことはむずかしくなります。もちろん、天体望遠鏡の赤道儀を使ってもガイド撮影はできます。しかし最近では、写真撮影専用のポータブル赤道儀もさまざまな製品が登場しており、赤道儀本体の大きさも、手のひらに載る超コンパクトなタイプから、重厚で、より精度の高いものまで、いろいろなメーカーから発売されてるので、多くのラインアップから選ぶことができます。

なお、極軸合わせの際にあると便利な極軸望遠鏡が組み込まれているものもありますが、コンパクトなタイプのものでは極軸望遠鏡がなかったり、外付けタイプであったりします。広角レンズを用いた撮影では、極軸望遠鏡がなくても本体に設けられているのぞき窓に北極星を導入するだけで充分追尾できるので、心配いりません。

アストロトレーサー
ペンタックスの一眼レフカメラには、カメラ単体で星の追尾撮影ができるアストロトレーサーという機能が搭載されています。撮影地点の星の動きを算出し、イメージセンサーを天体の動きに同調させます。最長露出時間は5分です。

いろいろなポータブル赤道儀

ナノトラッカー（写真上）はポータブル赤道儀の中でももっともコンパクトなタイプで、本体の重さはわずか400gしかありません。本体とコントローラーが分離しているタイプで、電源用の乾電池はコントローラーに内蔵します。極軸望遠鏡はなく、本体に設けられた北極星のぞき穴を用いて極軸を合わせます。カメラ搭載可能重量は約２kgです。

スカイメモR（写真下）は、極軸望遠鏡が組み込まれており、より精度高く極軸を合わせることができます。重さは約1kg。極軸望遠鏡には明視野照明装置が組み込まれています。カメラ搭載可能重量は約５kg。タイムラプスモードやオートガイド端子も装備されています。両機種ともに対恒星時のほかに平均太陽時、平均月時も搭載しており、南半球でも使うことができます。

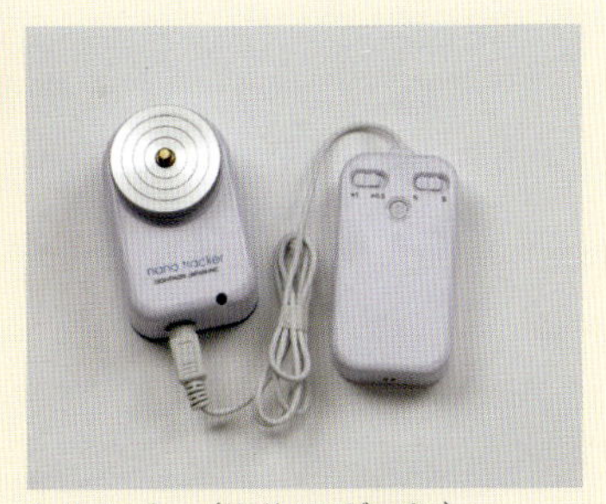

ナノトラッカー（サイトロンジャパン）

スカイメモR（ケンコー・トキナー）

ポータブル赤道儀での撮影手順

天体写真の固定撮影をマスターしたら、次はポータブル赤道儀での撮影にチャレンジしましょう。ポータブル赤道儀を使った撮影ができるようになると、天体写真の表現の幅がぐんと広がります。赤道儀を使った撮影というとむずかしいイメージがあるかもしれませんが、広角レンズとポータブル赤道儀の組み合わせであれば、それほどむずかしいものではありません。気軽にトライしてみましょう。

撮影場所に三脚を開いてセットします。三脚にはカメラのほかに赤道儀を載せるので、大型のものを使うとよいでしょう。三脚の脚はあまり伸ばさない方が安定しますが、低過ぎると作業がしにくくなるのでちょうどよい位置を探してみましょう。

三脚にポータブル赤道儀を取り付けます。三脚の雲台は自由雲台よりもパン棒付きの雲台か、ギヤ付き雲台がよいでしょう。写真では天頂方向にカメラを向けるときのようにパン棒を前に向けていますが、使いやすい方向で構いません。三脚ネジをしっかりと締め付けて固定しましょう。

ポータブル赤道儀に雲台を取り付けます。ビクセンのポータブル赤道儀ポラリエでは、まず、カメラをポラリエに接続するためのパーツを雲台に取り付けます。

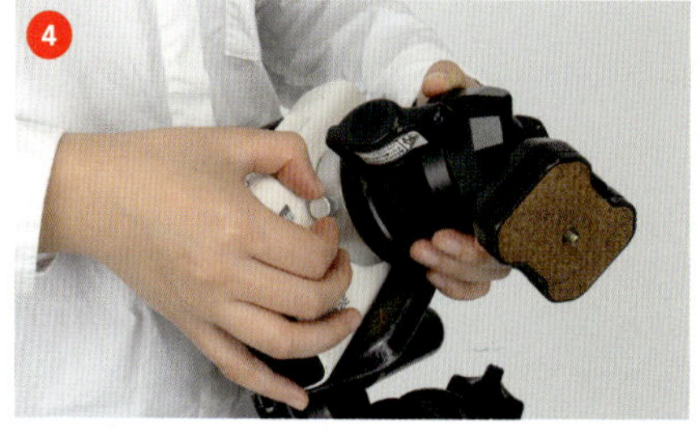

雲台をポラリエ本体に取り付けます。動かないようにしっかりとネジ止めしましょう。雲台は大きめの方が使いやすいようです。

カメラを雲台に乗せます。暗闇ではネジがしっかりとカメラに入っているかわかりにくいことがあります。よく確認をしてカメラが落下しないないように気を付けましょう。

ポータブル赤道儀の電源を入れます。ダイヤルを回して恒星時駆動（「☆」マーク）に合わせましょう。

極軸を合わせます。ポラリエのように回転軸上にカメラを取り付ける機種ではバランス調整の必要はありませんが、バランス調整が必要な赤道儀の場合は、このときに調整をします。

カメラのピントリングを無限遠に合わせます。フォーカスモードの切り替えスイッチが、マニュアルフォーカスになっていることも確認します。手ブレ補正機能があるレンズの場合には誤作動することがあるので、かならず手ブレ補正スイッチもオフにします。

ファインダーでの目視だけでは高い精度でピントを合わせられないので、カメラをライブビューモードに切り替えてピントを合わせます。画面を拡大してピントが合っているかどうか、しっかりと確認しましょう。

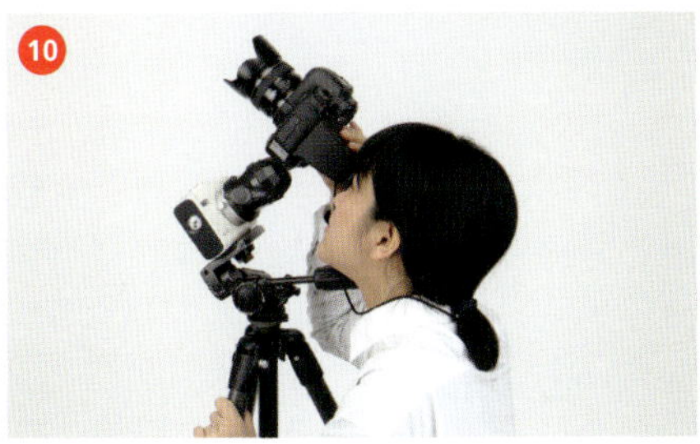

星は点光源のため、ピントが合った位置がわかりにくいので、写真のようにピントルーペを使うのもよいでしょう。

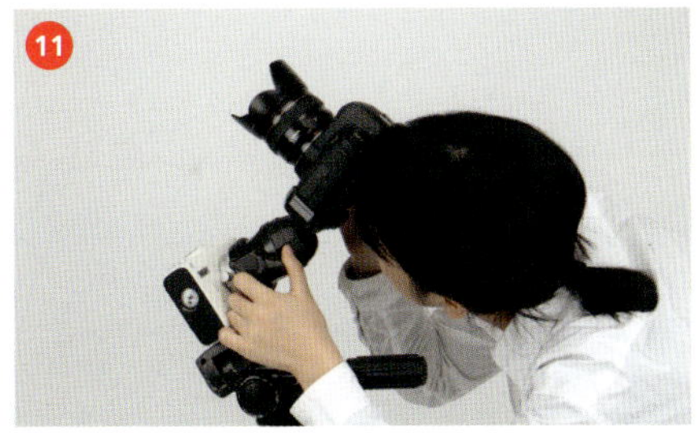

雲台のロックを緩めて構図を決めます。地上風景が入る場合には画面の一辺が地面と平行になるようにカメラをセッティングします。星座や星雲、星団などを被写体とし、構図に地上風景が入らない場合、天体写真では天の北極を上にすることが一般的です。構図合わせに夢中になり過ぎると、赤道儀本体を動かしてしまうこともあるので、注意しましょう。

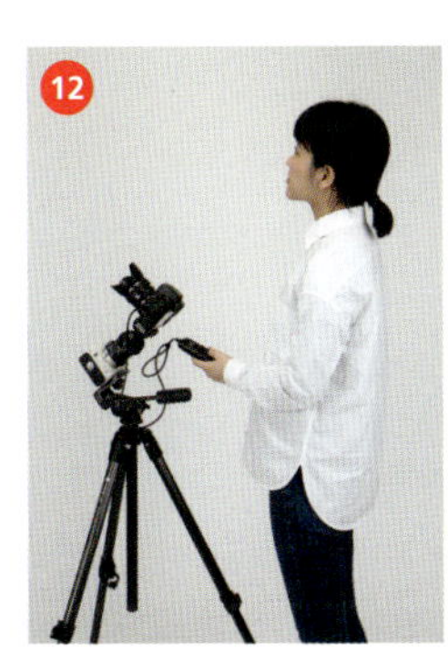

構図を決めたら、テスト撮影を行ないます。固定撮影のときと同じようにまずは短めの露出時間で試してみましょう。シャッターが閉じたら、撮影した画像を拡大し、ピントと極軸が合っているかを確認します。画面中央付近を拡大して、星像がぼやけていたらピントのズレ、星が線を引いていたら、極軸が合っていません。その場合は修正をしてから本番の撮影を開始します。

赤道儀の極軸を合わせる

濃い天の川の写真や暗い星などの撮影など、露出時間を長くして星を点像で撮影したい場合、赤道儀にカメラを載せて星を追尾する必要があります。そのためには、天空上の星の動きを追尾して、見かけ上星が止まっているように、赤道儀の回転軸を地球の回転軸と合わせます。つまり、赤道儀の回転軸(極軸)を地球の回転軸を宇宙に向けて伸ばしていった方向、すなわち北半球では天の北極に向けるということです。

北半球での極軸合わせは北極星が目安になります。北極星はほぼ真北と考えてもよいので、カメラの広角レンズでの短時間の露出での撮影では、北の方角と北極星の高度を目測で見当を付け、おおまかに北極星に極軸を合わせるだけでも充分です。

ただし、1コマの露出時間が短くても、流星群など同じ構図で長時間にわたる撮影や、望遠レンズでの撮影では、極軸望遠鏡を使って、極軸合わせを正確に行ないます。天体望遠鏡の赤道儀はポータブル赤道儀よりも精度が求められます。

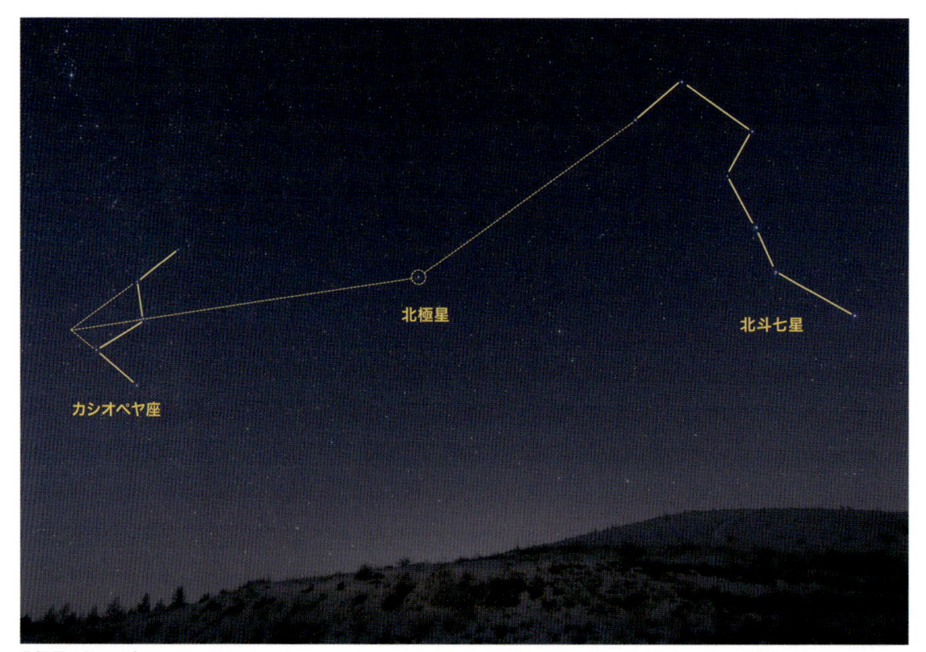

北極星の見つけ方
北極星を見つけるには、北斗七星あるいはカシオペヤ座からたどる方法があります。この方法で使う星はどれも2等級と3等級の星なので見つけやすい方法です。慣れるといちばん早くて正確なのでおすすめです。このほか、方位磁石やスマートフォンのアプリを使うのも便利です。

天の北極と北極星の位置
北極星＝天の北極の位置ではありません。北極星と天の北極は1°弱ずれています。ただし広角レンズを使った比較的露出時間の短い撮影では、極軸を北極星の方向におおよそ合わせれば、問題ありません。

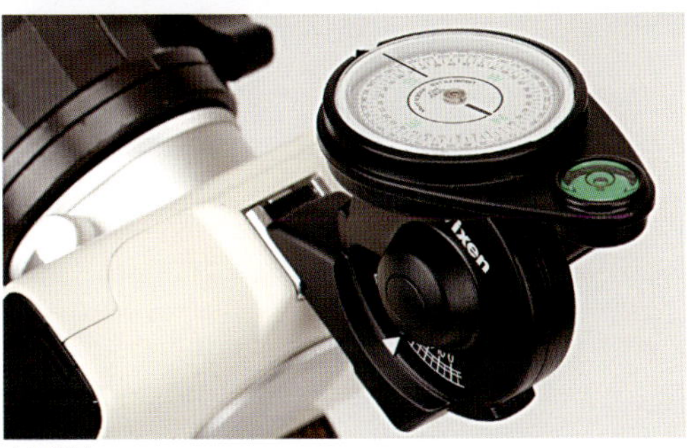

方位磁石
北の空が雲に覆われ北極星が見えない場合や、日食などの昼間の撮影でまったく星が見えない状況下では、方位磁石を使って北の方角を探します。ただし、方位磁石が指す北は磁北極といい、実際の真北から少しずれています。このずれを磁北偏差といい、本州で約7°前後、北海道では約10°、沖縄では約4°となります。地域によってことなりますので、国土地理院のホームページなどで確認できます。高度は、撮影地の緯度と同じですので、その分の高さの位置に北極星が見つかります。

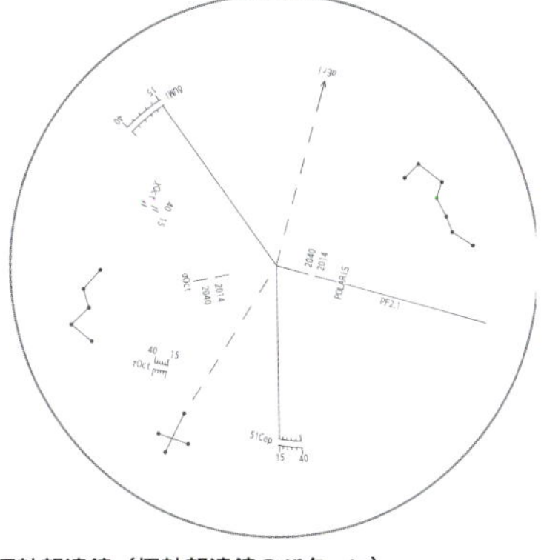

極軸望遠鏡（極軸望遠鏡のパターン）
赤道儀の極軸を北の方角に向け、極軸望遠鏡の視野の中に北極星を入れます。次に北極星がほぼ中心に来るよう調整し、極軸望遠鏡のパターンにしたがい北極星を導入すれば、極軸合わせは完了です。極軸望遠鏡のパターンは天体望遠鏡メーカー各社で異なります。この図はビクセン極軸望遠鏡のものです。

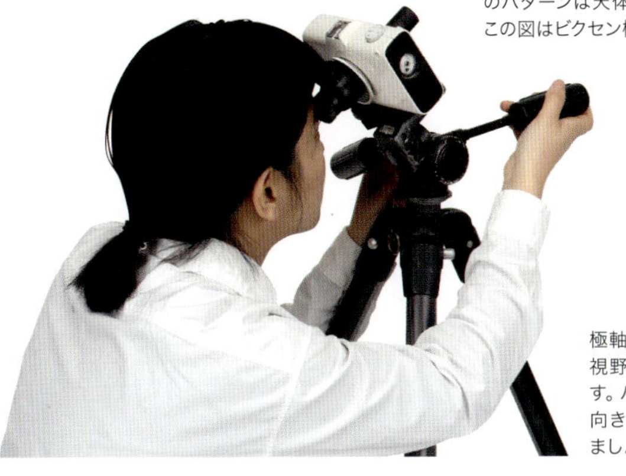

極軸合わせは、極軸望遠鏡のパターンと視野に見えている星を一致させる作業です。パターンを回転させたり、上下左右に向きを変えながら根気よく合わせていきましょう。

3

天体望遠鏡を使った撮影

天体望遠鏡は大きく分けて「レンズ（対物レンズ）」を使って光を集める屈折望遠鏡と、「鏡（主鏡）」を使って光を集める反射望遠鏡の2タイプがあります。さらに反射望遠鏡は鏡のみを使って光を集めるタイプのものと、鏡とレンズを組み合わせたタイプに大別されます。前者の代表的なものはニュートン式反射望遠鏡、後者はカタディオプトリック望遠鏡といわれ、代表的なものはシュミット・カセグレン式望遠鏡です。

望遠鏡の性能は口径によって決まります。口径とは対物レンズや主鏡の直径のことで、口径が大きい方が高い性能を有しています。性能を表わす指標としては「集光力」・「分解能」・「極限等級」があります。

「集光力」は天体からの光をどのくらい集められるかを示すもので、肉眼の集光力を１とし、その何倍という数値で表わされ、値が大きいほど天体をより明るくとらえることができます。

「分解能」はどれだけ細かいところまで見分けられるかを示すもので、単位は角度の秒（″）で表わされ、その数値が小さいほど天体の細部を見分けられるようになります。

「極限等級」はその望遠鏡で見ることができるもっとも暗い星の明るさ（等級）のことで、その数値が大きいほど暗い天体をとらえることができます。

また、忘れてはならないのが「焦点距離」です。焦点距離とは対物レンズや主鏡

天体望遠鏡の口径別・性能早見表

有効径（口径）(mm)	倍率		分解能（″）	限界等級（等）	集光力（肉眼＝1）
	有効最高倍率	有効最低倍率			
40	40	6	2.90	9.8	33
50	50	7	2.32	10.3	51
60	60	9	1.93	10.7	73
70	70	10	1.66	11.0	100
80	80	11	1.45	11.3	131
90	90	13	1.29	11.6	165
100	100	14	1.16	11.8	204
120	120	17	0.97	12.2	294
150	150	21	0.77	12.7	459
180	180	26	0.64	13.1	661
200	200	29	0.58	13.3	816
250	250	36	0.46	13.8	1276
300	300	43	0.39	14.2	1837

から焦点までの距離で、数値が大きい（距離が長い）ほど眼視では高い倍率を出しやすく、写真撮影では天体を大きく写しやすくなります。また、焦点距離を口径で割った値を「口径比」といい、この数値が小さいほど明るい光学系になります。F値が小さい明るい光学系は露出時間を短くできたり、同じ露出時間でISO感度を低くできるメリットがあります。86ページの表は、天体望遠鏡の口径別の性能一覧です。

天体望遠鏡で撮影することができる天体は「太陽」、「月」、「惑星」、「恒星」、「星雲・星団・系外銀河」などがあげられます。

太陽の撮影には屈折望遠鏡が適しています。もちろん減光フィルターを使用することが大前提です。反射望遠鏡は口径が大きいものが多く集光力が高いことから非常に危険なこと、筒内気流が起きやすく揺らぎの影響を著しく受けることから太陽の撮影には向いていません。

ほかの天体は屈折望遠鏡・反射望遠鏡ともに撮影することができます。月は光量があるので全景や少しの拡大であれば口径が数cmクラスの屈折望遠鏡でも無理なく撮影することが可能です。しかし強拡大で撮らなければならない惑星や強拡大の月の撮影では、一般的に集光力に勝る反射望遠鏡が断然有利になります。

星雲・星団や系外銀河、恒星の撮影は屈折望遠鏡、反射望遠鏡ともに星の像質や視野の広さ、湾曲などを改善するレデューサーやコレクターといった補正レンズを用いた撮影ができます。ニュートン式反射望遠鏡は副鏡の支持金具（スパイダー）によって光の回折現象が生じて星の周りに光の突起が発生しますが、鑑賞写真的には見栄えの良さもあるのでかならずしもマイナスとはいえません。屈折望遠鏡やシュミット・カセグレン望遠鏡では星像をほぼ丸く写すことができます。

屈折望遠鏡（左）とニュートン式反射望遠鏡（右）でとらえたオリオン座大星雲
右のニュートン式反射望遠鏡で撮影した写真は、スパイダーによって明るい星に回折光が生じています。そのため、よりきらびやかな印象の写真になります。

屈折望遠鏡とは

屈折望遠鏡は、対物レンズに凸レンズを使用して星からの光を屈折させて焦点を結ばせるタイプの望遠鏡です。接眼レンズに凹レンズを用いるガリレオ式と凸レンズを用いるケプラー式があります。ガリレオ・ガリレイが観測に使ったガリレオ式屈折望遠鏡は、正立像で天体を見ることができる一方、視野が狭いなどの短所がありました。後に天文学者ケプラーが考案したケプラー式は倒立像である一方、視野が広く取れるなどの長所が多いことから屈折望遠鏡のスタンダードになり、現在販売されている天体用の屈折望遠鏡はほとんどすべてがケプラー式です。

対物レンズには「アクロマート」と「アポクロマート」という２つのタイプがあります。太陽光などの自然光は青色・赤色・緑色の３色が混ざった白色光です。レンズを構成するガラスの屈折率は光の色（波長）によって異なる性質を持つため、1枚の凸レンズに白色光を通すとそれぞれの色によって異なる場所に焦点を結び、1点に光が集まりません。この色ズレのことを「色収差」といいます。アクロマートレンズは、凸レンズと凹レンズを組み合わせ、それぞれ性質の異なる光学レンズを用いることによって青色と赤色の光の焦点の位置が一致するように設計されたレンズです。１枚の凹レンズにくらべて色収差は格段に少なくなりますが、緑色のにじみは残ります。アポクロマートレンズは２枚もしくは３枚、ときには４枚のレンズを組み合わせて３色の焦点位置を一致させたもので、色収差が皆無に近い優れた対物レンズです。

屈折望遠鏡は鏡筒が対物レンズで閉じているために温度変化による筒内気流が起きにくく、常に安定した像を結びます。太陽から月・惑星、恒星、星雲・星団、系外銀河の撮影に至るまでオールマイティに活用できます。

屈折望遠鏡は取り扱いが比較的楽で、メンテナンスもしやすいことが特長です。

屈折望遠鏡の光路図

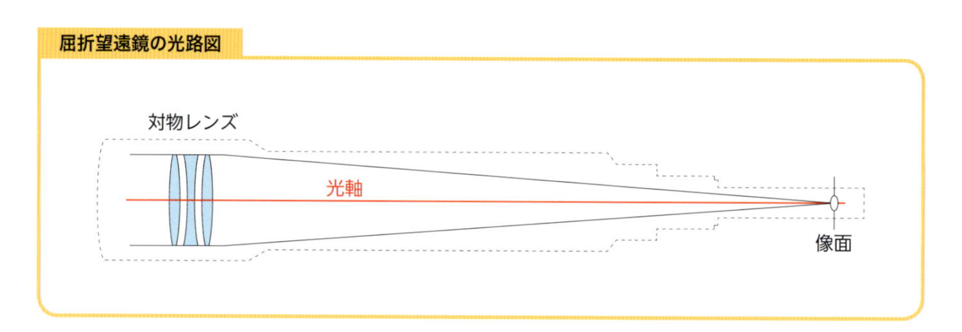

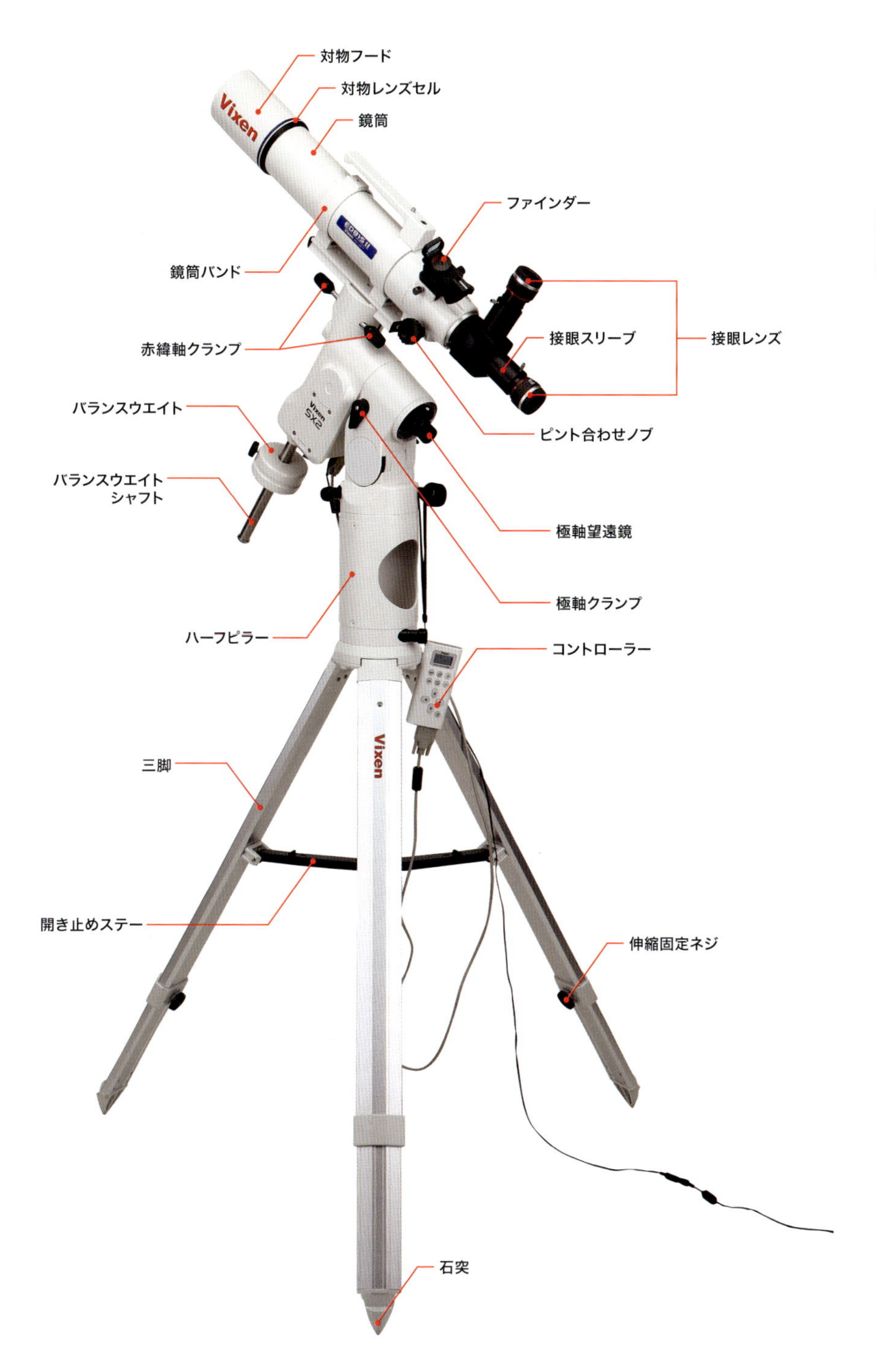
対物フード
対物レンズセル
鏡筒
ファインダー
鏡筒バンド
接眼スリーブ
接眼レンズ
赤緯軸クランプ
バランスウエイト
ピント合わせノブ
バランスウエイト
シャフト
極軸望遠鏡
極軸クランプ
ハーフピラー
コントローラー
三脚
開き止めステー
伸縮固定ネジ
石突
Vixen
SX2

3

反射望遠鏡とは

反射望遠鏡は、対物レンズの凸レンズの代わりに凹面鏡を使って星からの光を集めて焦点を結ばせるタイプの望遠鏡です。凹面鏡はレンズにくらべて大きなものが製作しやすく、大口径の天体望遠鏡はほとんどが反射式となっています。代表的なタイプはニュートン式反射望遠鏡とよばれ、鏡筒の底の部分に凹面鏡（主鏡）が配置されており、主鏡からの光を鏡筒の先端に配置した斜鏡とよばれる平面鏡で鏡筒の側面に導きます。主鏡は放物面という非球面になっています。反射望遠鏡には凹面の主鏡と凸面の副鏡を組み合わせて、星からの光を鏡筒後部に導き、屈折望遠鏡と同じように鏡筒の後ろから観測するカセグレン系のタイプもあります。

ニュートン式反射望遠鏡は、視野の中心に非常にシャープな像を結ぶことが何よりも特長です。レンズを使っていないので屈折望遠鏡のような色収差はありません。しかし視野の中心から離れるにしたがって光が１点に収束しなくなり、コマ収差が発生することからシャープさが落ちていくのが欠点です。接眼部にコマ収差を改善するコマコレクターとよばれる補正レンズを組み込むこともできます。

また、反射望遠鏡は鏡筒の先が開いていること、主鏡が大きく厚みもあることから温度変化による筒内気流が発生しやすく、特に夏場などは鏡筒や主鏡を充分外気温になじませる必要があります。

天体撮影では太陽は不向きですが、大口径の集光力や分解能、中心像のシャープさを活かした月や惑星の拡大写真には最適です。また明るい光学系ではコマコレクターを使った星雲・星団、系外銀河などの撮影も得意分野です。

反射望遠鏡は、取り扱いやメンテナンスは屈折望遠鏡にくらべるとやや煩雑でむずかしさがありますが、一方で何よりも安価で大口径の反射望遠鏡を手に入れられることが魅力です。

反射望遠鏡の光路図

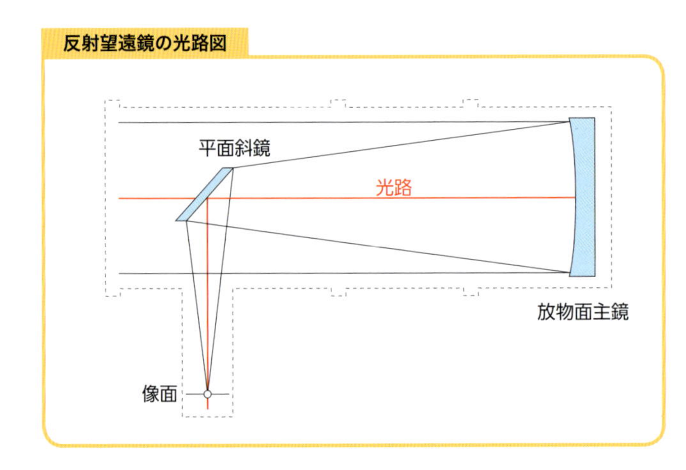

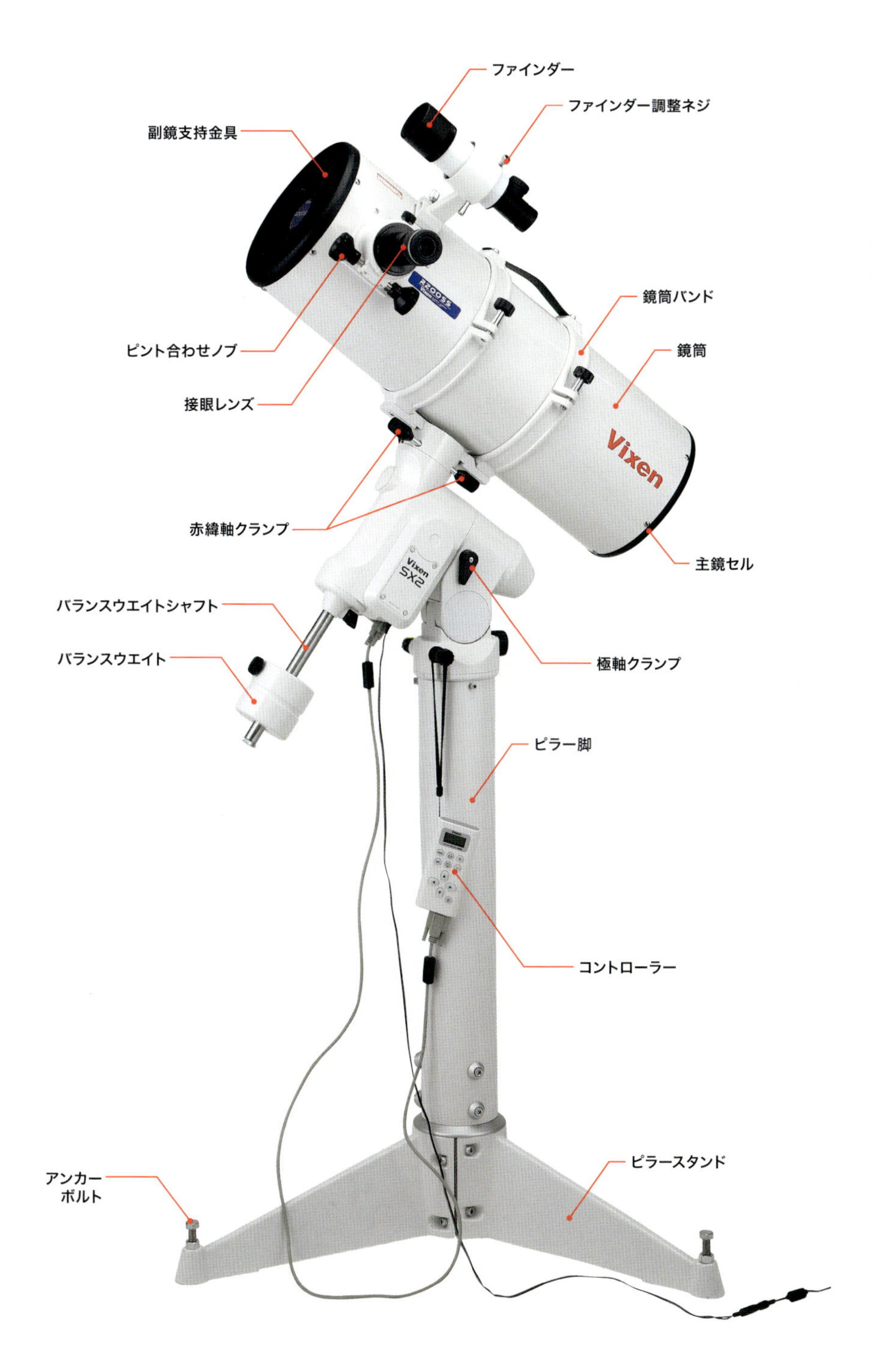
ファインダー
ファインダー調整ネジ
副鏡支持金具
R200SS
鏡筒バンド
鏡筒
ピント合わせノブ
接眼レンズ
Vixen
赤緯軸クランプ
主鏡セル
Vixen
SX2
バランスウエイトシャフト
バランスウエイト
極軸クランプ
ピラー脚
コントローラー
ピラースタンド
アンカー
ボルト

3

シュミット・カセグレン式望遠鏡とは

シュミット・カセグレン式望遠鏡は、「シュミット・カセ」や「シュミ・カセ」の愛称でよばれることも多い、反射鏡とレンズを組み合わせたタイプのカタディオプトリック望遠鏡の一つです。技術の進歩によって高精度な製品が量産されるようになり、昔よりも価格が下がり入手しやすくなりました。市場にはアメリカ製のものが多く見られます。

もともとは広範囲の星空の撮影を目的に考案されたシュミット・カメラを原型とした望遠鏡で、球面の凹面鏡を鏡筒の後部に配し、鏡筒の先端に非球面の補正板（シュミット補正板）を配置し、補正板の裏側に球面の凸面鏡を取り付けたものです。補正板によって視界の周辺までシャープな星像を結びます。

補正板の存在によって、屈折望遠鏡と同様に鏡筒が常に閉じた状態になり、ほこりが入りづらくなることから、ニュートン式反射望遠鏡やカセグレン系反射望遠鏡にくらべてメンテナンスはだいぶ楽になります。筒内気流も起こりにくいといわれていますが、シュミット・カセグレン式望遠鏡は大口径のものが多く、主鏡の大きさや厚みを考えると、撮影前には充分に外気温に馴染ませる必要があります。

シュミット・カセグレン式望遠鏡は鏡筒の長さも同口径の屈折望遠鏡やニュートン式反射望遠鏡にくらべて短いことから取り回しがしやすいのが特長です。そのうえ焦点距離を長くとることができるために、月面の拡大や惑星の撮影、星雲・星団や系外銀河のアップの撮影に威力を発揮します。また、直接焦点撮影時に補正レンズのレデューサーをカメラの前に入れることによって、諸収差を補正したより広視野での撮影も可能になります。

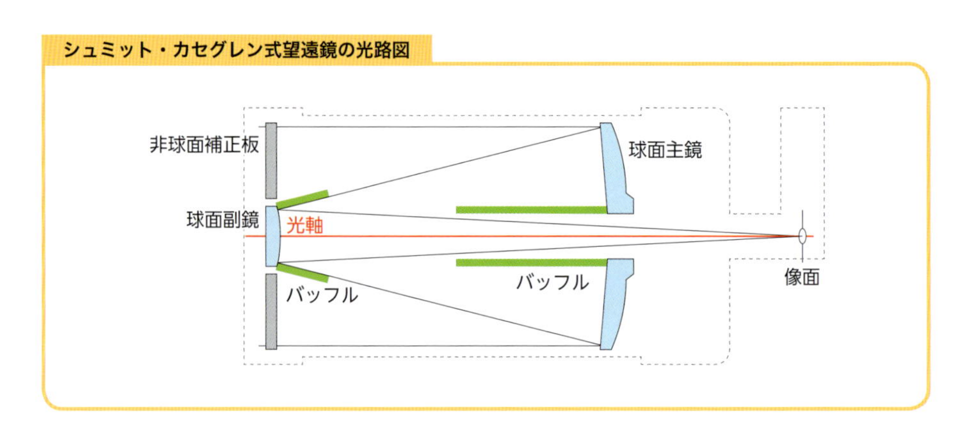

補正板セル
鏡筒
非球面補正板
NEXSTAR
CELESTRON
接眼スリーブ
接眼レンズ
天頂ミラー
ピント合わせノブ
クランプ
片持ちフォーク式経緯台
コントローラー
三脚
開脚固定ノブ
伸縮固定レバー
石突

3

経緯台と赤道儀

天体望遠鏡の鏡筒を支え、向きを変える部分を架台といいますが、架台には「経緯台」と「赤道儀」の2つのタイプがあります。どちらも2つの直交する回転軸を備えており、2軸を自由に動かすことによって天体を望遠鏡の視野に導入したり、天体の動きを追う（「追尾」といいます）ことができます。

経緯台は方位を変えるために使う「方位軸」（水平に回転する軸）と高度を変えるために使う「高度軸」（上下方向に動く軸）を備えている架台です。

一方、赤道儀は「極軸」と「赤緯軸」を有し、極軸を天の北極や天の南極に向けて地球の自転軸と厳密に平行になるように設

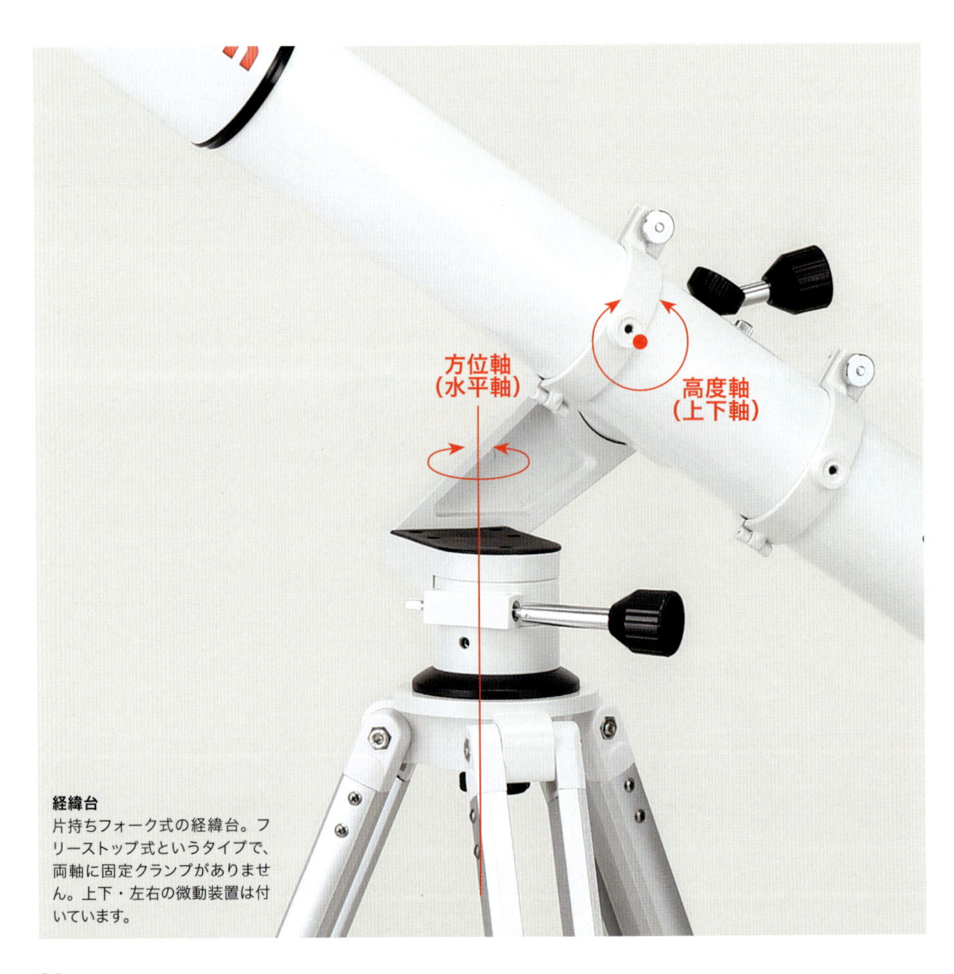

経緯台
片持ちフォーク式の経緯台。フリーストップ式というタイプで、両軸に固定クランプがありません。上下・左右の微動装置は付いています。

置することから、極軸だけを使って星を追尾することができる架台です。これが赤道儀の最大の特長ともいえるところです。極軸のモーターを使えば星を追尾し続けることができるので、長時間天体を追尾しながら撮影することが多い天体写真では、赤道儀の方が圧倒的に有利といえます。赤道儀にはドイツ式赤道儀やフォーク式赤道儀などの種類がありますが、市販されている小型赤道儀はほとんどがドイツ式です。

それに対して経緯台は、方位軸と高度軸の両方を使って星を追尾することになります。常に2つの軸を交互に動かさなければならないので赤道儀にくらべて不便です。しかし、赤道儀よりも小型軽量で携帯性に優れ、極軸の設定も不要、扱いも容易なのでベランダなどで月や惑星などの明るい天体を気軽に撮影するのに向いています。経緯台にはフォーク式経緯台や片持ちフォーク式経緯台などの種類があります。

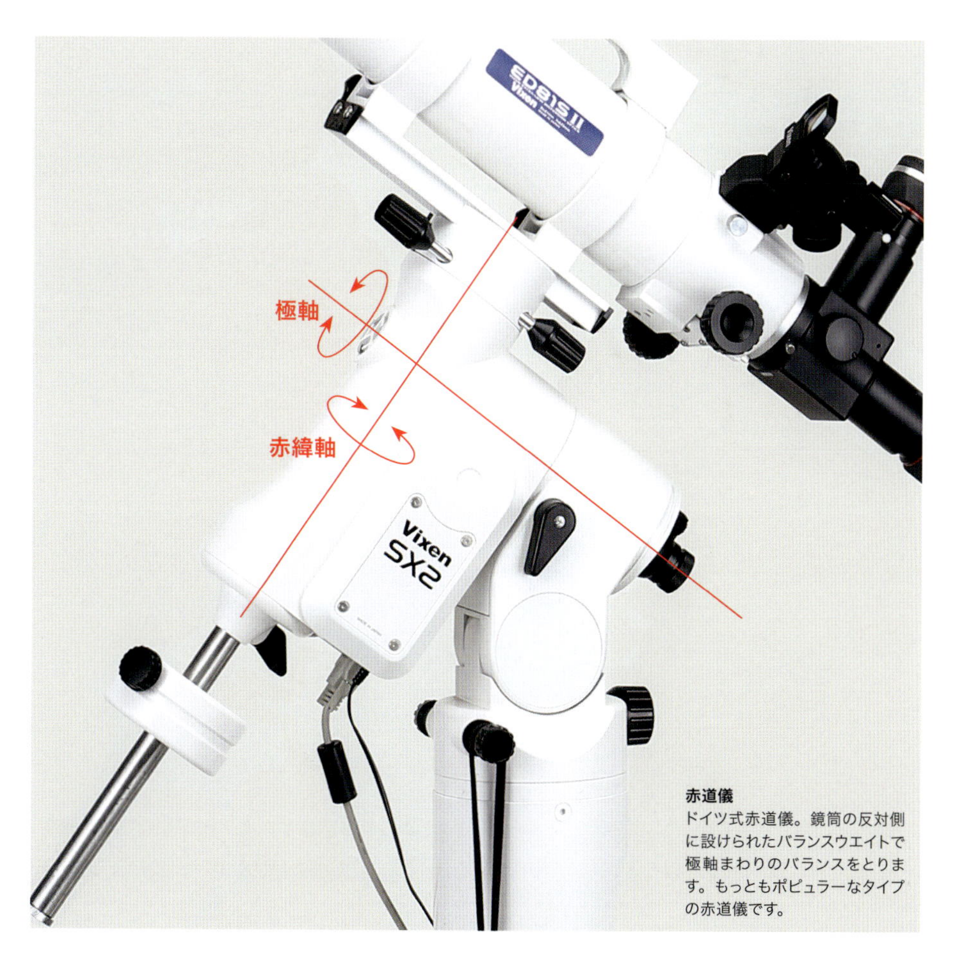

赤道儀
ドイツ式赤道儀。鏡筒の反対側に設けられたバランスウエイトで極軸まわりのバランスをとります。もっともポピュラーなタイプの赤道儀です。

屈折望遠鏡・経緯台の組み立ての手順

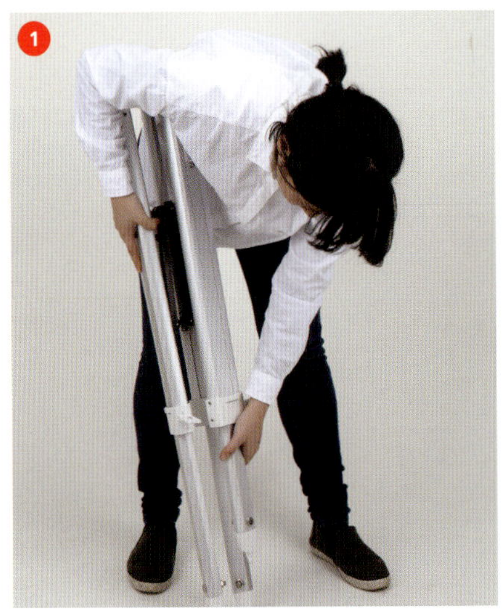

三脚を使いやすい長さに引き出し、3本とも同じ長さに調整します。三脚固定ネジをしっかり締めるようにしましょう。

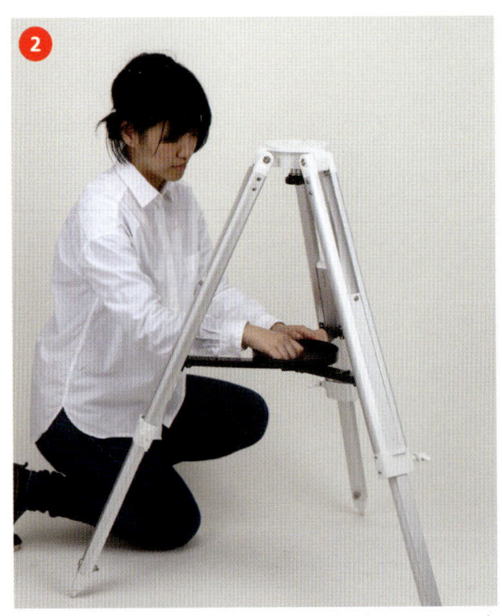

三脚を最大に広げて地面にしっかりと固定したら、ステーの中心にアクセサリートレイを取り付けます。アクセサリートレイは接眼レンズや撮影用品などを置くことができます。

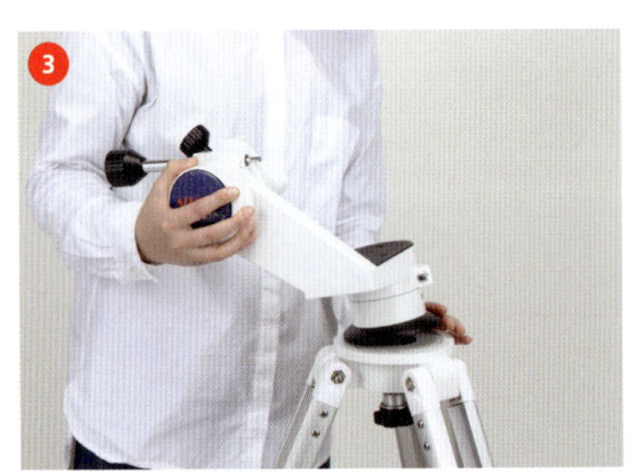

三脚台座に経緯台本体を取り付けます。

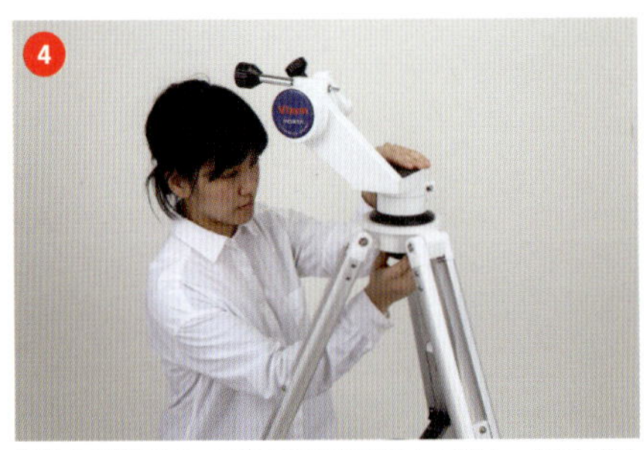

経緯台を載せたら、三脚台座の取り付けノブをしっかりと締めます。

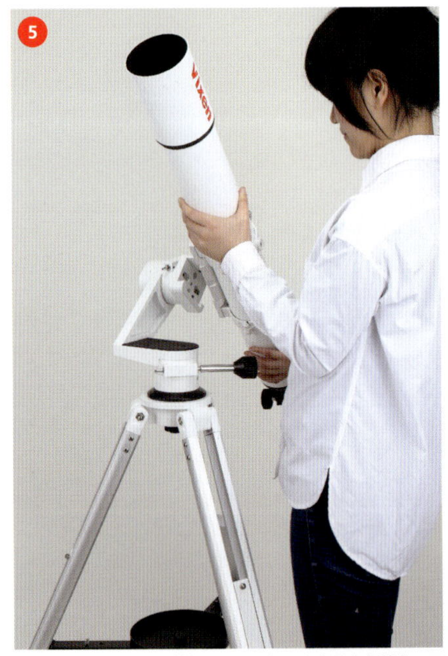

鏡筒を取り付けます。鏡筒バンドのプレート金具を経緯台のアリミゾ台座に平行に沿わせるのがコツです。

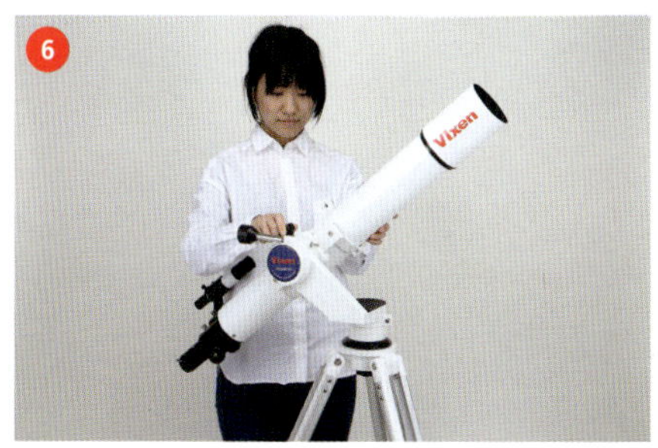

鏡筒を保持しながらアリミゾ台座の固定ノブ（黒）をしっかりと締めます。

固定ノブ（黒）隣にある鏡筒落下防止ネジ（銀色の小型ネジ）も忘れず絞めます。

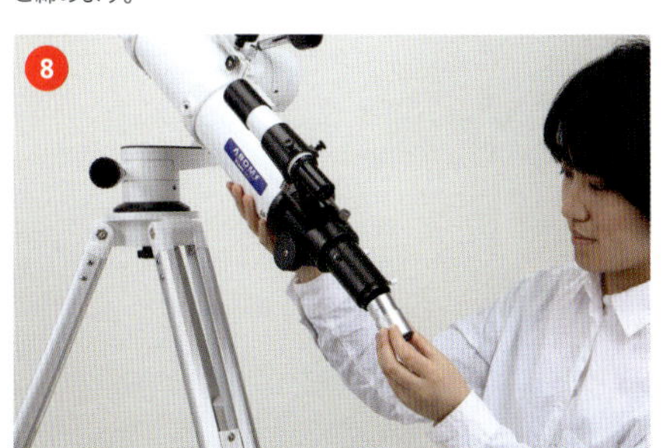

次に接眼レンズを取り付けます。

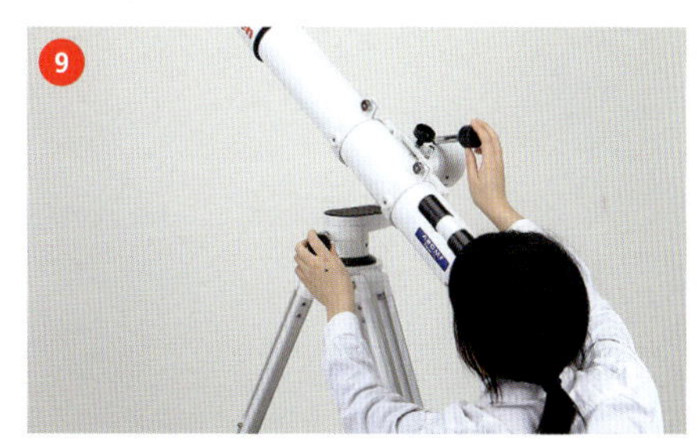

遠くの目印を視野の中心に入れてピントを合わせたら、ファインダー調整ネジを使ってファインダーの十字線を目印に合わせます。これで鏡筒とファインダーが平行になりました。

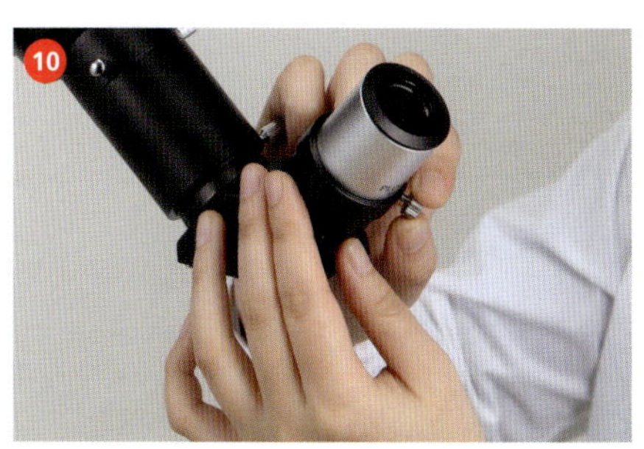

天頂付近の観察では、天頂プリズムに接眼レンズ（アイピース）を取り付けます。

いろいろな接眼レンズ

接眼レンズはアイピースともよばれ、さまざまな焦点距離のものがあり、望遠鏡の倍率を変えることができます。望遠鏡の焦点距離を接眼レンズの焦点距離で割ると倍率が計算できます。

屈折望遠鏡・赤道儀の組み立ての手順

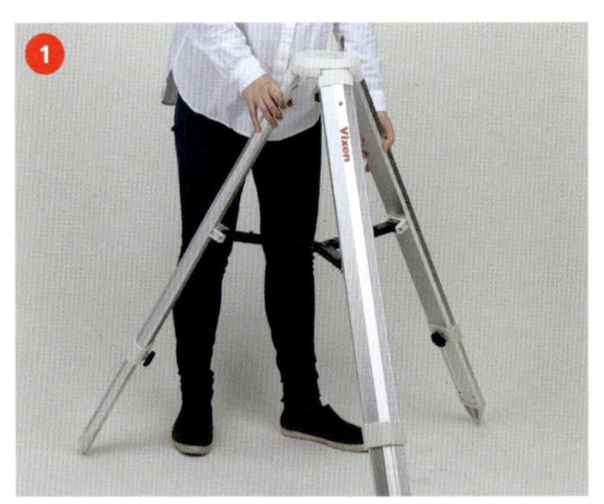

三脚の足を3本とも同じ長さに調整したら三脚固定ネジをしっかりと締め、最大に広げて地面に固定します。

三脚台座にハーフピラーを取り付けたら、ハーフピラーに赤道儀本体を取り付けます。赤道儀は重いので慎重に作業しましょう。

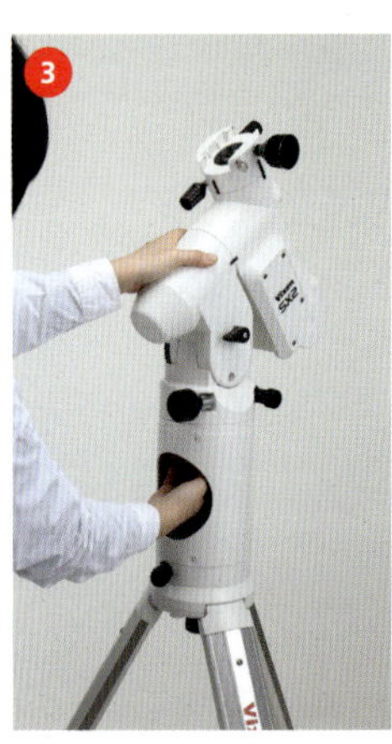

ハーフピラー内にある赤道儀取り付けノブをしっかりと締めます。ハーフピラーを使うと天頂付近の観測や撮影がしやすくなります（赤道儀はハーフピラーを介さず三脚台座に直に取り付けることもできます）。

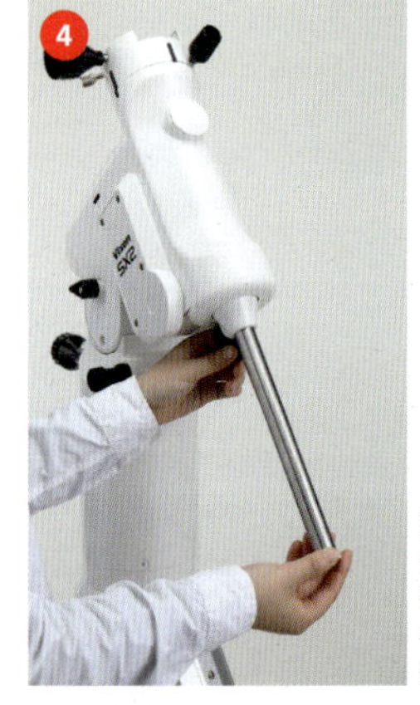

赤道儀本体に収められているバランスウエイトシャフトを引き出します。シャフトをネジで赤道儀本体に取り付けるタイプもあります。

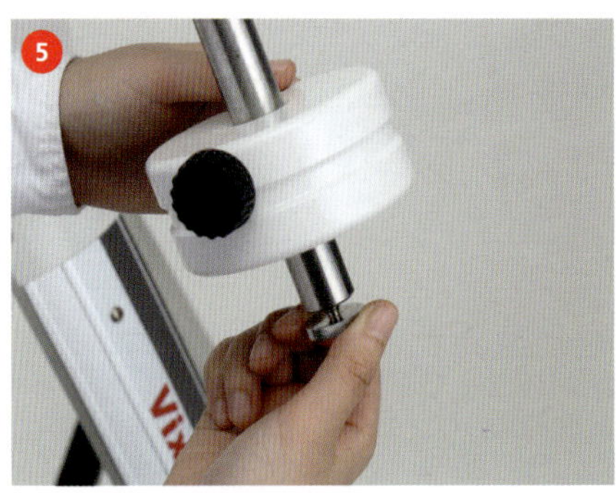

シャフトの先端にある落下防止ネジを取り外し、バランスウエイトを取り付け、任意の位置で固定します。バランスウエイトの不意な落下を防止するために、落下防止ネジを忘れずつけるようにしましょう。

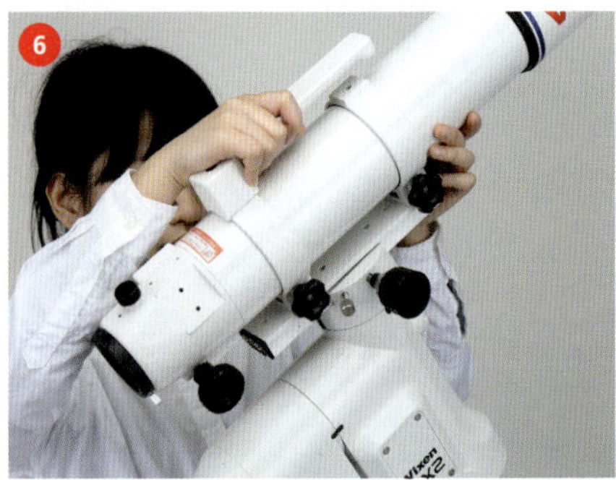

次に鏡筒を取り付けます。鏡筒バンドのプレート金具を経緯台のアリミゾ台座に平行に沿わせるのがコツです。鏡筒を保持しながらアリミゾ台座の固定ノブ（黒）をしっかりと締めます。隣の鏡筒落下防止ネジ（銀色の小型ネジ）も忘れず締めます。

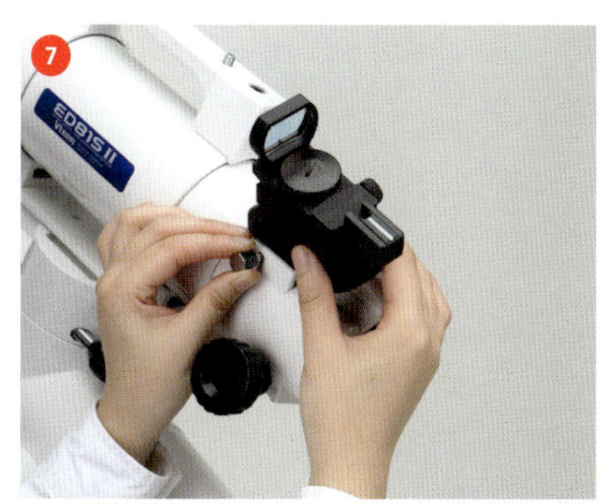

ファインダーを取り付けます。ファインダーは遠くの電柱や鉄塔の先を使って鏡筒と平行になるように調整しましょう。

接眼部ユニットを取り付けます。写真は光路が切り替えられるフリップミラータイプのものです。

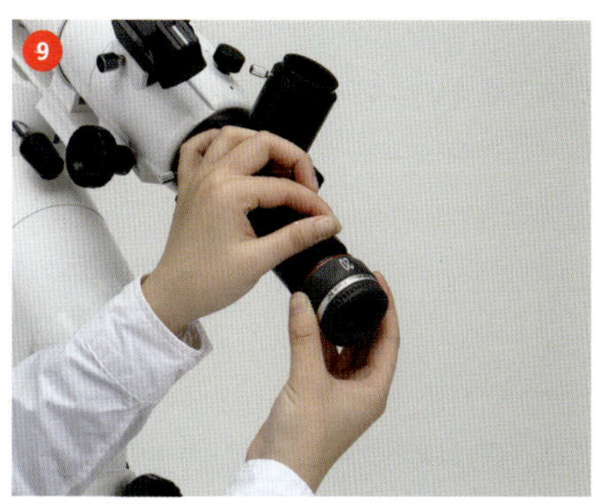

直視方向の接眼部に接眼レンズを取り付けます。不意に落下しないように固定ネジをしっかり締めましょう。同様に直角方向の接眼部にも接眼レンズを取り付けます。

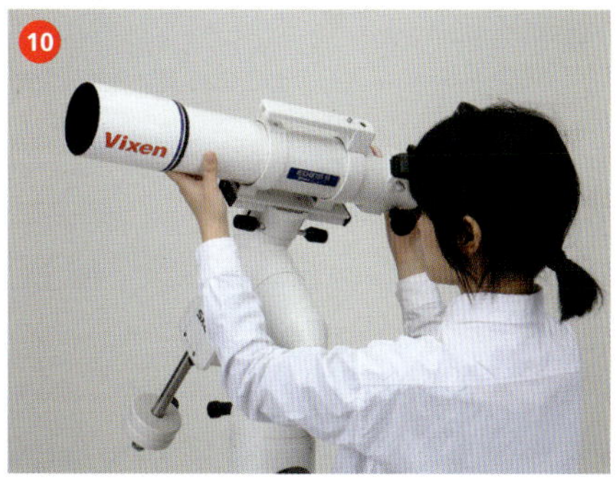

赤緯軸周りのバランスを確認します。赤緯軸クランプを緩めてフリーの状態にし、鏡筒の前後バランスをチェックします。調整の必要があるときには鏡筒バンドを緩めて鏡筒を前後にスライドさせ、再び鏡筒バンドのネジをしっかりと締めます。

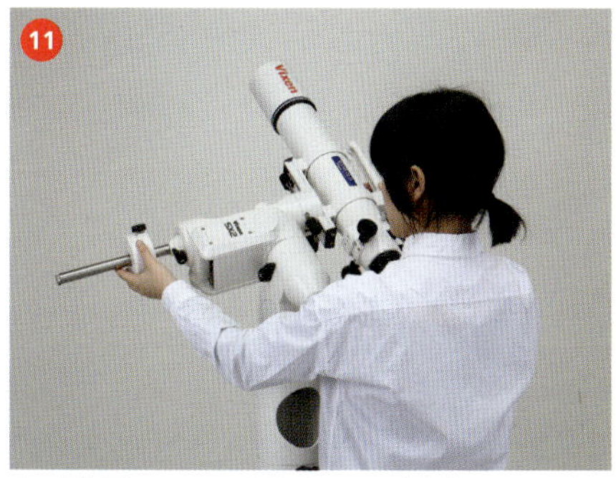

次に極軸周りのバランスを確認します。赤経軸クランプを緩めてフリーの状態にし、鏡筒側とバランスウエイト側のバランスをチェックします。調整の必要があるときにはバランスウエイトをスライドさせてバランスをとります。

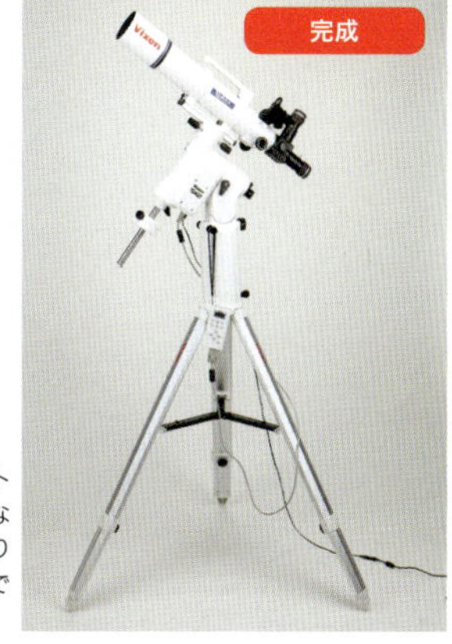

電源コードやコントローラーケーブルなどのコード類を取り付けて準備完了です。

直接焦点撮影

直接焦点撮影とは、一眼レフカメラや一眼ミラーレスカメラからレンズを外したカメラボディを天体望遠鏡に直接取り付けて撮影する方法です。カメラのレンズ部分が天体望遠鏡に置き換わったと考えるとイメージしやすいでしょう。天体望遠鏡のレンズや反射鏡でカメラの映像素子に結ばれた天体の焦点像を直接撮影することからこの名称でよばれています。略して「直焦点撮影」と表記されることもあります。

直接焦点撮影ではどのような天体が写せるのでしょうか。写真用レンズで、焦点距離が短い広角レンズよりも焦点距離が長い望遠レンズの方が撮影対象を大きく写すことができるのと同様に、天体望遠鏡の焦点距離が長くなるほど天体を大きく写すことができるようになります。市販されている天体望遠鏡は焦点距離が数百mmから二千mmくらいのものが一般的です。月や太陽は焦点距離（mm）のおよそ1000分の9の大きさに写ります。焦点距離が500 mmの望遠鏡では約4.5mm、焦点距離が2000mmの望遠鏡では約18mmの大きさで写せることになりますので、月や太陽の全体像の撮影には最適です。

月や太陽と同程度の視直径を有する星雲・星団や大きめの系外銀河も撮影対象となります。このほかにも肉眼でも見られるような彗星や日食や月食などの天文現象もおすすめの対象です。

地球照　細い月のときは地球照を写すチャンスです。　口径80mm 焦点距離625mm F7.5 露出5秒 ISO800

望遠鏡とカメラの接続
右からデジタル一眼レフカメラ・カメラマウント（Tリング）

直接焦点撮影の手順

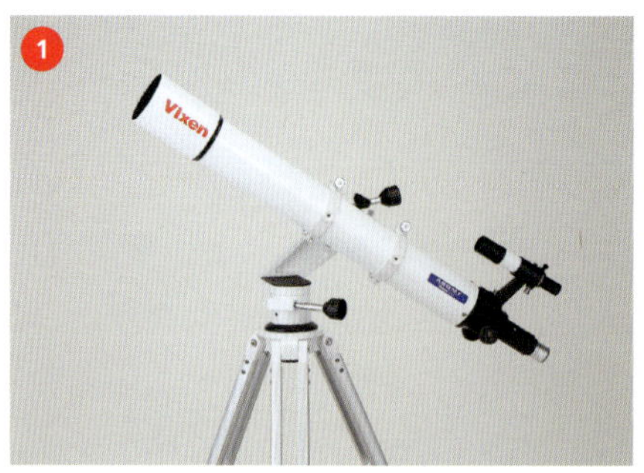

天体望遠鏡を組み立てて使用前の調整を行ないます。鏡筒とファインダーがきちんと平行になっているか確認しましょう。

鏡筒接眼部から接眼レンズ（アイピース）を取り外し、さらに接眼スリーブも取り外します。

カメラボディをセットするためのカメラアダプター（Tリング）を取り付けます。Tリングはしっかりとねじ込むようにしましょう。

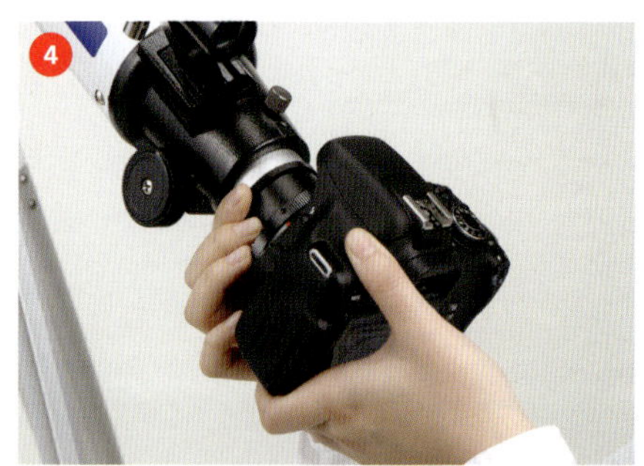

次にカメラボディを取り付けます。Tリングに刻まれた赤い丸の指標と、カメラマウントの赤い指標の位置を合わせるのがコツです。カチッっとロックするまでカメラを回転させます。

ファインダーをのぞきながら、撮りたい天体を視野内の十字線に合わせます。

天体が導入されているかカメラのファインダーを確認します。天体の存在が確認できたら、ピント合わせノブをゆっくり前後に回しながら、およそのピントを合わせます。

微動ハンドルを使って天体を画面の中央に移動させます。

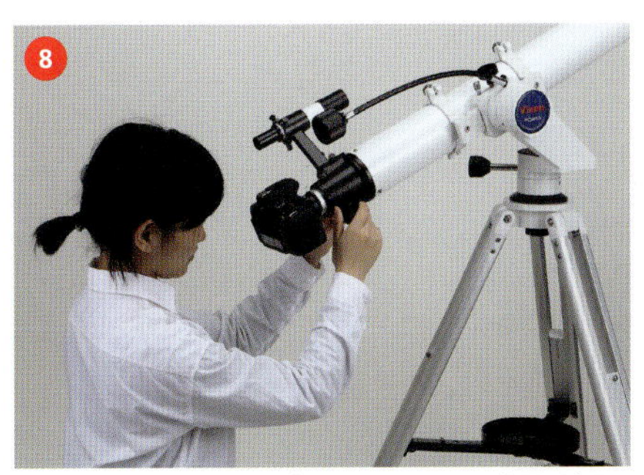

カメラの電源を入れてライブビューモードにし、背面の液晶モニターに天体のライブ画像を表示させます。天体画像を拡大してピントを慎重に合わせます。

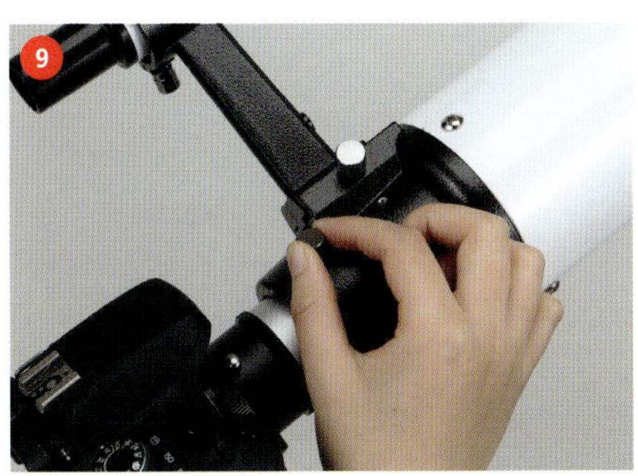

ピントが合ったら、ドロチューブ固定ネジを締めてピントをロックします。

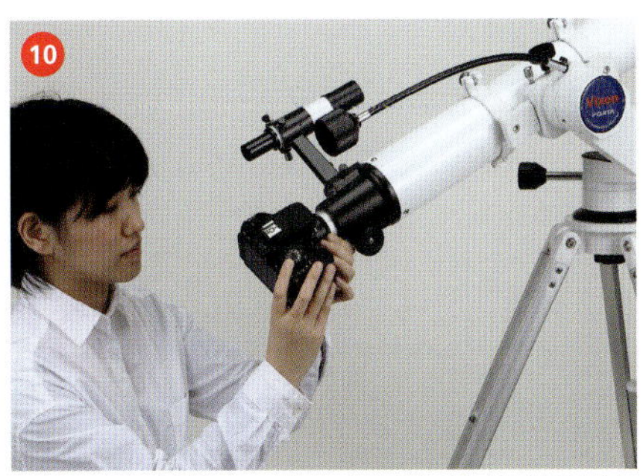

カメラ回転ネジを緩めて、カメラを回転させながら構図を合わせます。このとき、微動ハンドルも使いながら作業をすると構図合わせが効率よくできます。

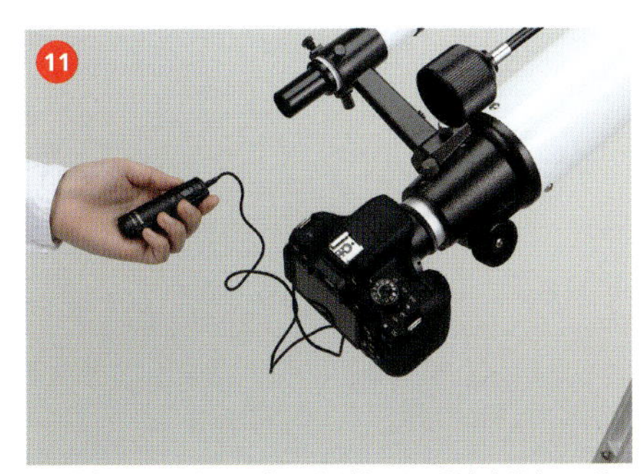

ISO感度やシャッタースピードなどカメラの設定を行ない、リモートスイッチをセットし、シャッターを切ります。

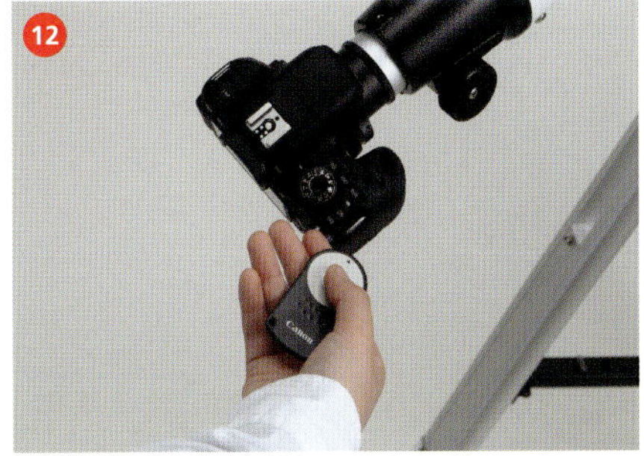

メーカーやカメラによってはコードレスのリモコンでシャッターを切ることができる機種もあるので、有効に活用しましょう。

コリメート法による拡大撮影（コンパクトデジタルカメラ）

　コンパクトデジタルカメラによるコリメート法による拡大撮影は、一眼レフカメラにくらべて手軽に行なえることが特長で、月や明るい惑星などを撮影することができます。カメラ自体が軽いので天体望遠鏡の接眼部への負担が少なくてすむこと、レンズの前玉が小さいので接眼レンズ（アイピース）とカメラレンズの光軸を合わせやすいこと、シャッターが電子シャッターであることからブレがほとんどないこと、レンズの電動ズームを使うことで撮影する天体の拡大率を容易に変えることができるなど多くのメリットがあります。

　天体望遠鏡への接続には、接眼スリーブに取り付けるタイプのカメラ固定金具（デジタルカメラクイックブラケット）が発売されています。

　撮影するときにはブレを防止するために直接シャッターボタンに触れないことが肝要です。リモートコードやリモコンを使える機種はぜひこれらを活用しましょう。セルフタイマーを使う方法もありますし、機械式のワイヤーレリーズを取り付けて、シャッターボタンを押せる金具（ケーブルレリーズブラケット）も発売されています。最近では、WiFi機能を使ってスマートフォンからの操作ができるカメラも増えてきました。

下弦の月　口径130mm 焦点距離1000mm F7.7 屈折 25mm接眼レンズ（40倍）露出1/200秒 ISO125 コンパクトデジタルカメラでコリメート撮影（24mm F4.0）

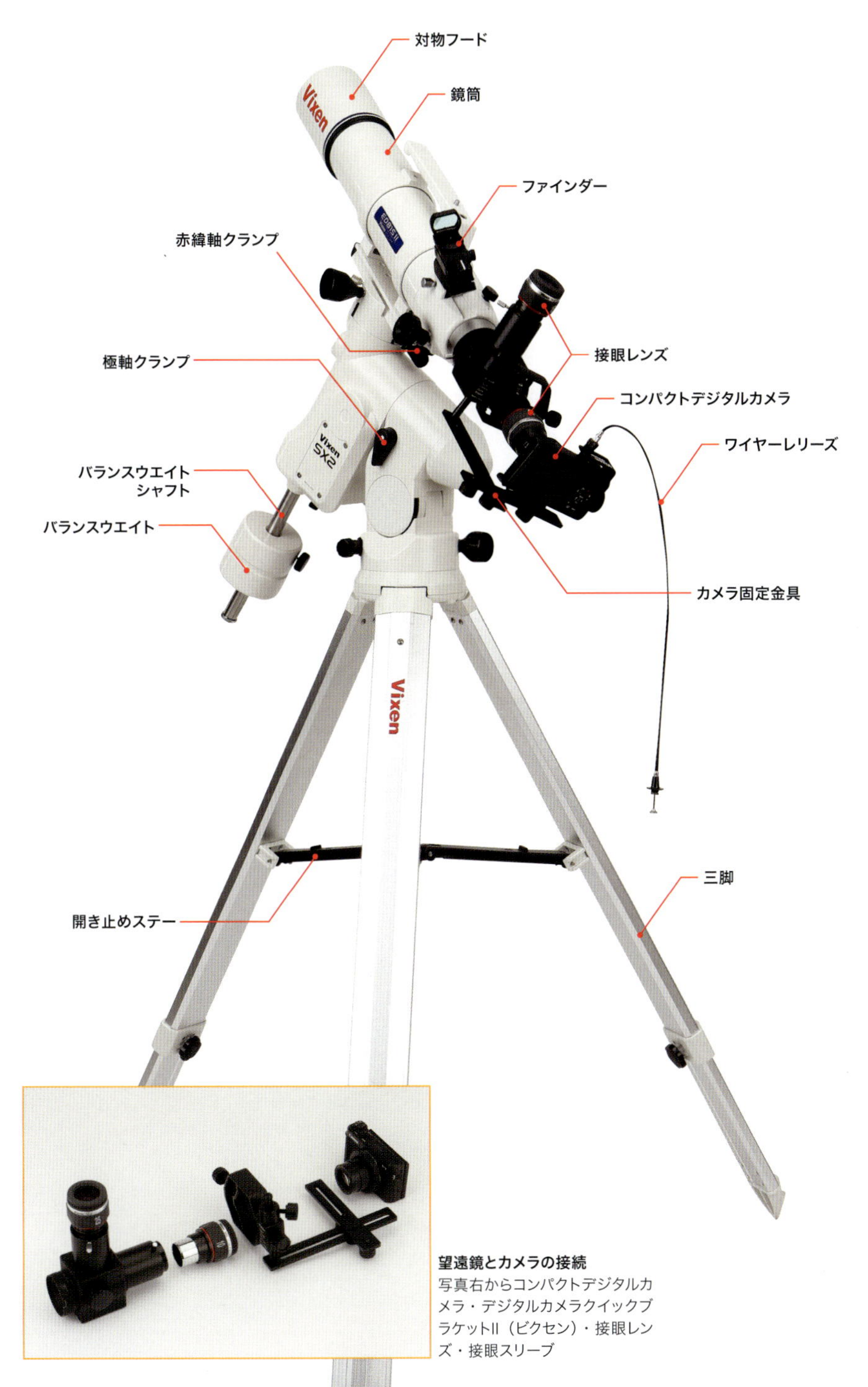

望遠鏡とカメラの接続
写真右からコンパクトデジタルカメラ・デジタルカメラクイックブラケットII（ビクセン）・接眼レンズ・接眼スリーブ

コンパクトデジタルカメラによるコリメート撮影の手順

コンパクトデジタルカメラを使ったコリメート撮影は、撮影したい天体を視野に入れたあと、天体望遠鏡のピントを合わせて、自分が接眼レンズをのぞき込むような感覚でカメラレンズの先端を当ててシャッターを切れば、月などが手軽に撮影できてしまう撮影法です。

しかし、手持ち撮影では、接眼レンズの中心とカメラレンズの中心を上手に合わせるのはなかなかむずかしいものです。ここでは、市販されているカメラ固定金具「デジタルカメラクイックブラケット」にコンパクトデジタルカメラを取り付けて撮影するための手順を紹介します。

カメラを金具に固定したうえで、リモートコードやリモコン、セルフタイマーなどでシャッターを切れば、ブレの問題も解消できます。

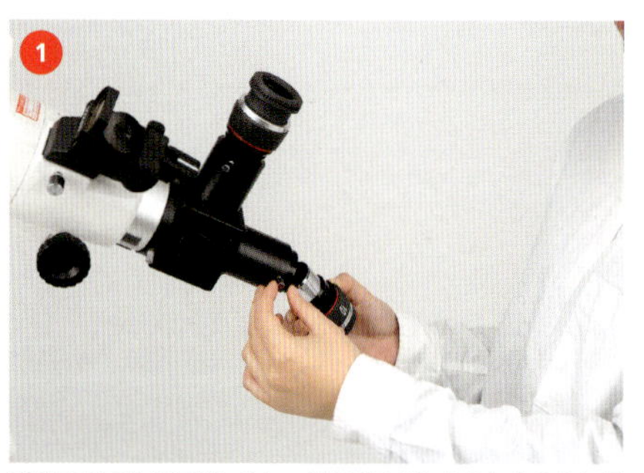

撮影する天体を視野に入れ、被写体にピントをおよそ合わせたら、接眼レンズを取り外します。

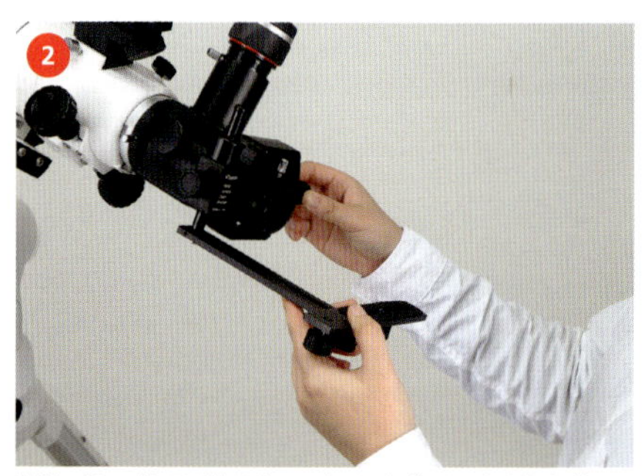

接眼スリーブにデジタルカメラクイックブラケットを取り付けます。

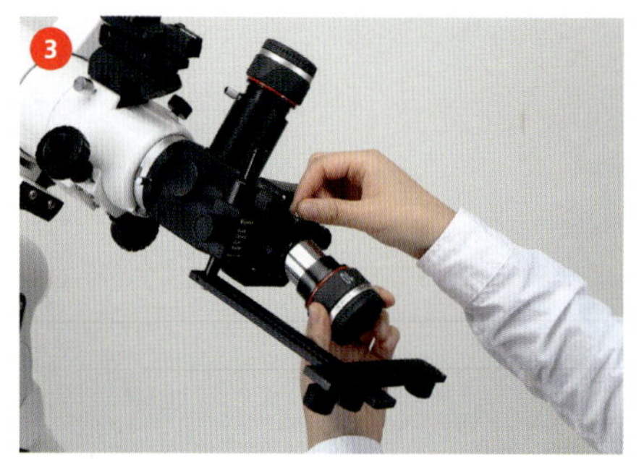

金具を固定したら接眼レンズを再び取り付けます。

クイックブラケットにコンパクトデジタルカメラを取り付けます。

カメラの電源を入れ、ズームレバーを操作しながらレンズを最大に引き出します。その位置でレンズの前面と接眼レンズがぎりぎり接触しない位置でノブを締めます。

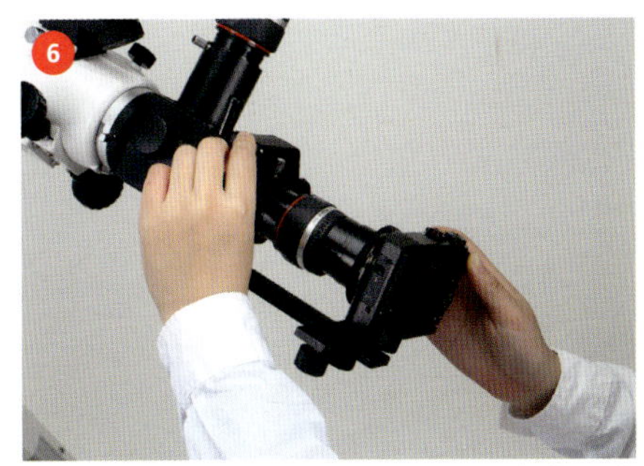
接眼レンズとカメラのレンズの光軸を合わせ、ノブを締めて撮影準備は完了です。

ズームレバーを操作しながら拡大率を調整します。接眼レンズとカメラレンズに隙間が生じたときはノブを緩めて間隔をできるだけ小さくします。視野のケラレを最小限にするためです。

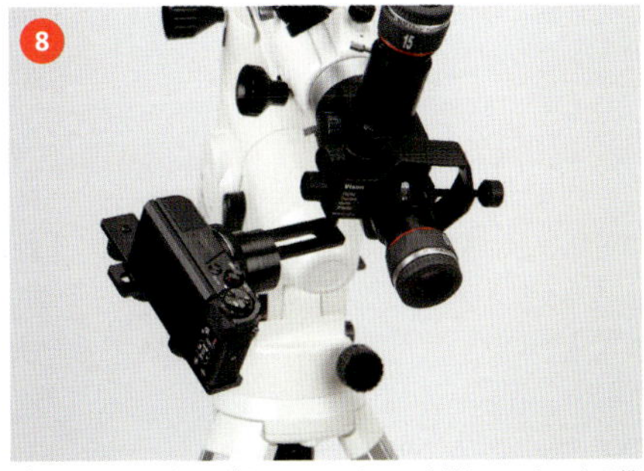
ブラケットの回転ノブをゆるめてカメラを横にシフトできる機能があるので撮影している天体が外れてしまったときなど、たいへん便利です。

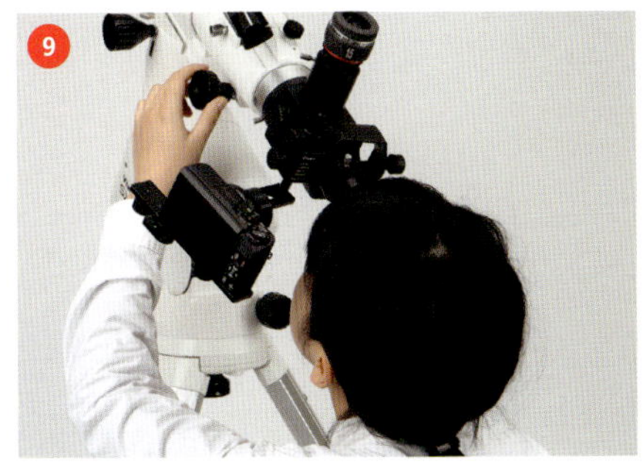
必要に応じてピントを再調整します。

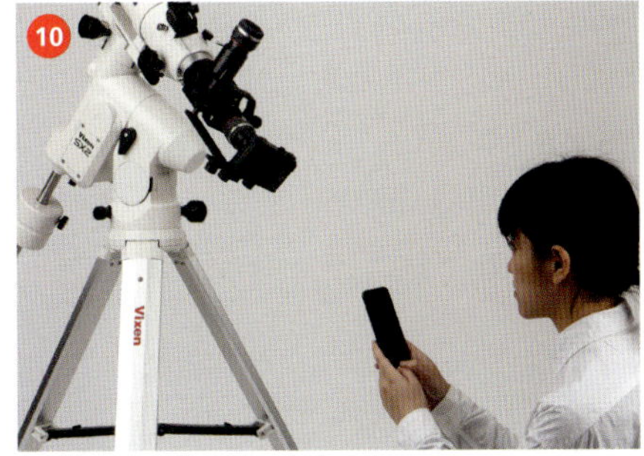
構図を調整したら、カメラのモニターを見ながら大気の揺らぎなどを確認して、WiFi機能を利用してスマートフォンでシャッターを切ります。

スマートフォンアダプターによるコリメート撮影の手順

コンパクトデジタルカメラと同様、スマートフォンのレンズを天体望遠鏡にのぞかせても、月や惑星などの天体を撮影することができます。スマートフォンカメラ用アダプターは、光軸を合わせた状態を維持しながら手軽に天体の細部まで撮影ができるのでとても便利な道具です。ここでは市販のアダプターにスマートフォンをセットし、望遠鏡に取り付けて撮影する手順を紹介します。

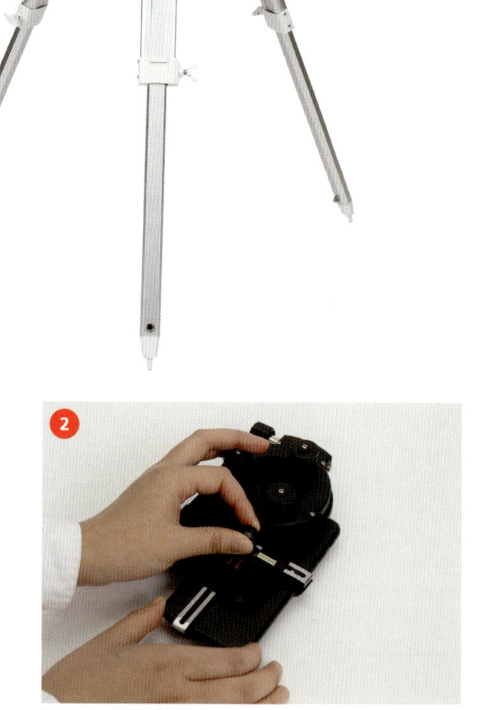

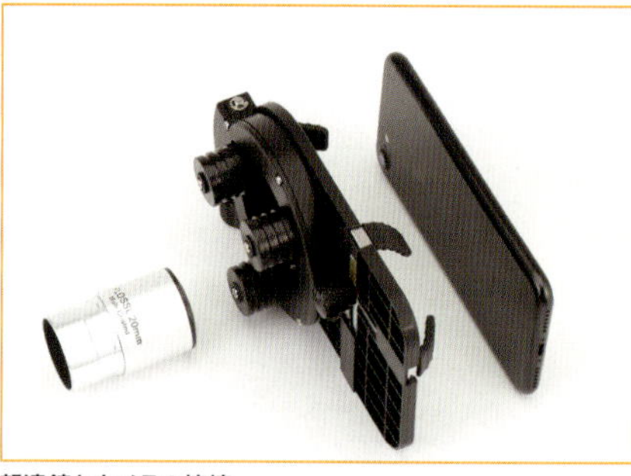

望遠鏡とカメラの接続
写真右からスマートフォン・スマートフォン用カメラアダプター（ビクセン）・接眼レンズ

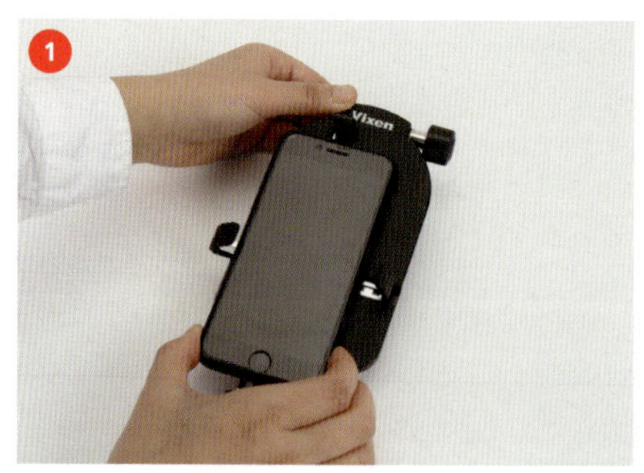

スマートフォンのカメラレンズを接眼部に合わせるように重ねて、アームをスマートフォンの大きさに合わせて固定します。レンズに傷がつかないよう注意しましょう。

2

裏面から接眼部を見て、スマートフォンのカメラレンズ全体を確認したら、アームのネジを締めて固定します。

スマートフォンをアダプターに取り付けて撮影した月。望遠鏡を通せば、このように月の細部まで写すことができます。画像は撮影したあと、付属のソフトでシャープに加工しました。

接眼部にアイピースを置いてネジを締め、しっかり固定します。

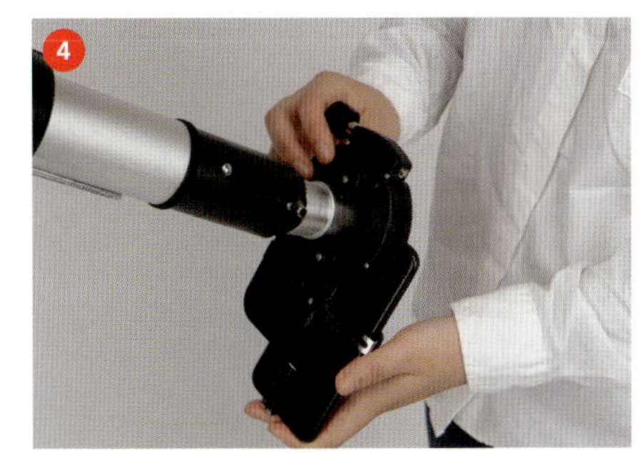

望遠鏡の接眼レンズ止めネジを緩めて、アイピース部分をさし込んでアダプターを取り付けます。

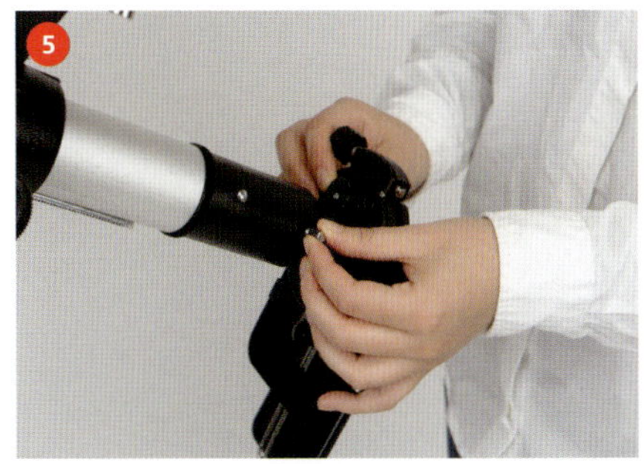

取り付けたら、接眼レンズ止めネジを再び締め直して固定します。

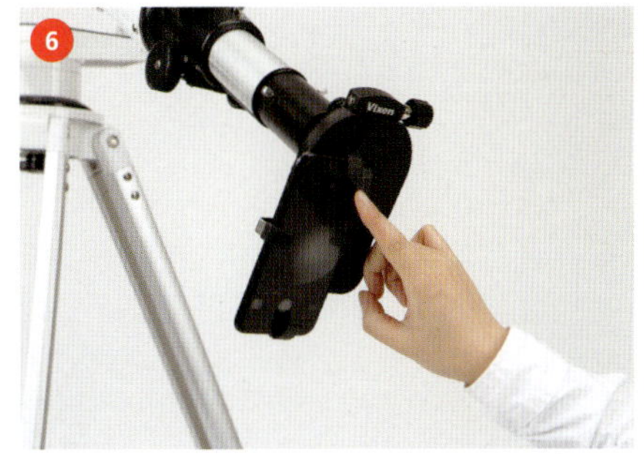

スマートフォンのカメラアプリを起動します。ピントを合わせたら画面を拡大・縮小して構図を調整し、シャッターボタンを押します。

星雲・星団の撮影

カメラレンズを使ったガイド撮影をマスターすると、今度は星雲・星団のアップを撮ってみたいと思うようになるのではないでしょうか。望遠レンズで撮影できるものもありますが、姿をしっかり写そうとすると、より焦点距離が長い天体望遠鏡を使うことになります。

星雲・星団には、ガスが発光し固体微粒子が星の光で反射してぼんやり見える「散光星雲」や「惑星状星雲」、比較的散漫な星の集団で一般的に距離が近い「散開星団」、星が球状に密集して一般に距離が遠い「球状星団」などがあります。

小型の天体望遠鏡で撮影できる星雲・星団のほとんどは、私たちが暮らす直径およそ10万光年の天の川銀河の中にあります。距離は数百光年から数万光年で、星雲・星団の大きさや広がり、見かけの大きさ（視直径）もさまざまです。

作例のプレヤデス星団、またオリオン座大星雲は、小型の望遠鏡でも撮影しやすい天体です。なお、星雲・星団と同じ要領でアンドロメダ銀河などの系外銀河も撮影することができます。

プレヤデス星団（M45）
すばるの名で知られる、おうし座の散開星団。カメラレンズで写しても星粒はよくわかりますが、天体望遠鏡でとらえたときの美しさはため息が出るほどです。　口径200mm 焦点距離800mm F4 ニュートン式反射望遠鏡 露出30秒×8コマをコンポジット　ISO3200

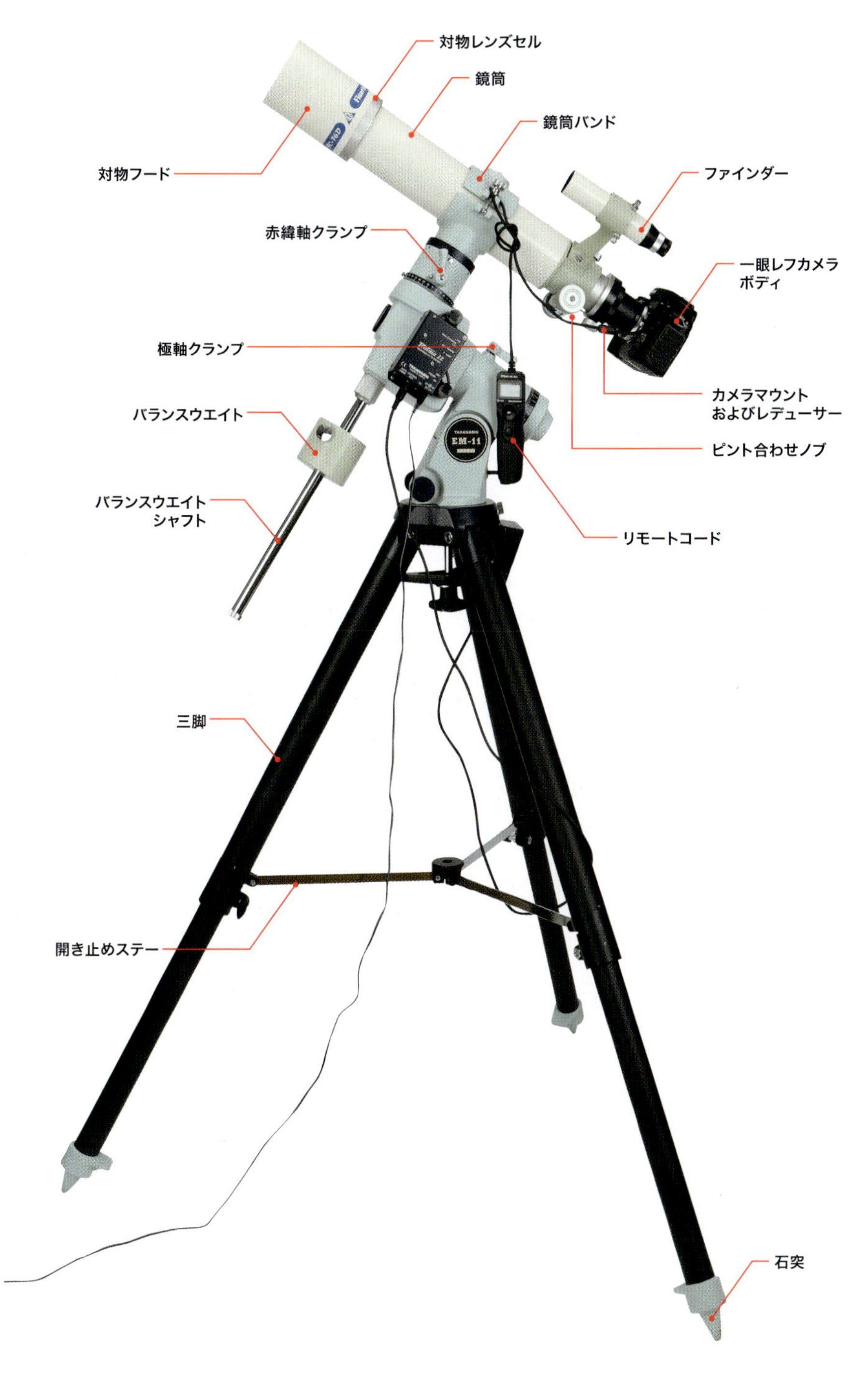
対物レンズセル
鏡筒
鏡筒バンド
対物フード
ファインダー
赤緯軸クランプ
一眼レフカメラ
ボディ
極軸クランプ
バランスウエイト
カメラマウント
およびレデューサー
ピント合わせノブ
バランスウエイト
シャフト
リモートコード
三脚
開き止めステー
石突
EM-11
TAKAHASHI

星雲・星団の撮影手順（屈折望遠鏡）

星雲・星団のガイド撮影では、赤道儀の極軸を丁寧に精度良く合わせても、数百mmの焦点距離を自動ガイド（赤道儀まかせ）で撮影を行なうには、赤道儀がいかに優秀であっても何充分も露出することはできません。しかし、30秒くらいの自動ガイドは充分可能です。ややノイズは多めですが、ISO感度3200や6400でも撮影ができるようになり、口径比がF5の望遠鏡で明るめの星雲・星団を撮影する場合、ISO3200で30秒前後、ISO6400で15秒前後の露出で美しい姿を撮影できます。これを複数枚連続して撮影し、第3章128ページで紹介するコンポジット処理をすれば、110ページのプレヤデス星団のような写真が得られます。なお、小型の屈折望遠鏡による星雲・星団の撮影では、口径比をF6前後に明るくしてくれる「レデューサー」があると便利です。装着前にくらべて露出が約半分ですむという大きなメリットがあります。

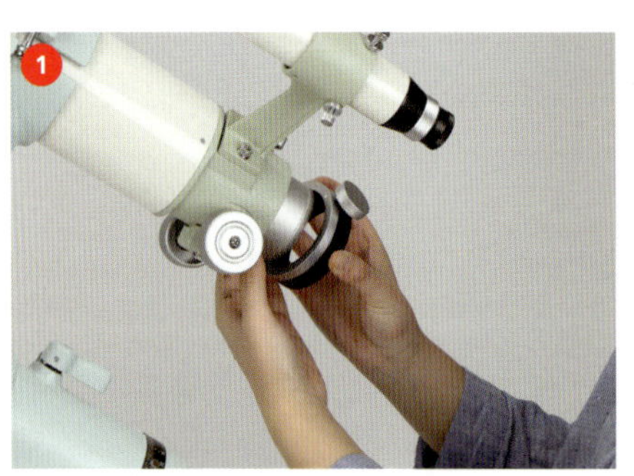

ドロチューブにカメラ回転装置を取り付けます。カメラ回転装置は構図決定には欠かせないアクセサリーです。

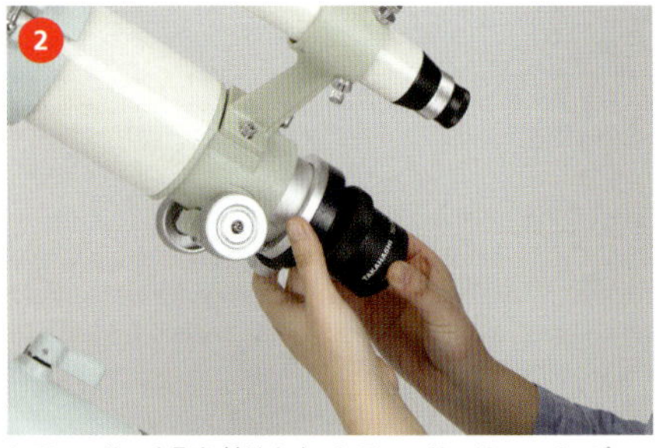

レデューサーを取り付けます。レデューサーはコンバージョンレンズの一つで、対物レンズの焦点距離を短くしてF値を明るくするとともに、各収差を補正して広写野、高画質を得る星雲・星団撮影の必需品です。

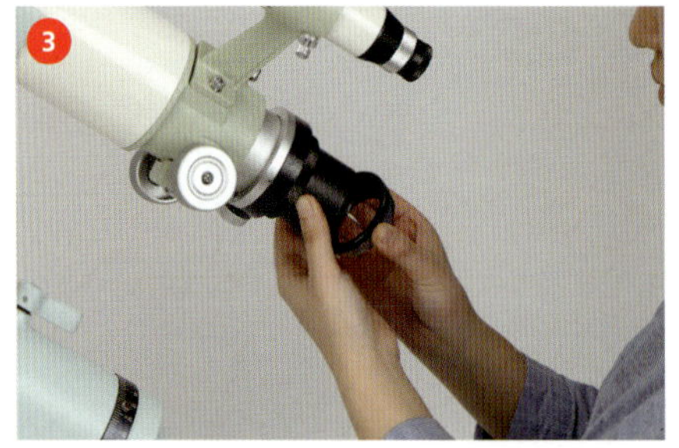

カメラマウントを取り付けます。カメラマウントは内径が大きなワイドタイプを使うと写野のケラレを少なくできます。カメラ回転装置、レデューサー、カメラマウント、それぞれしっかりねじ込んで止めましょう。

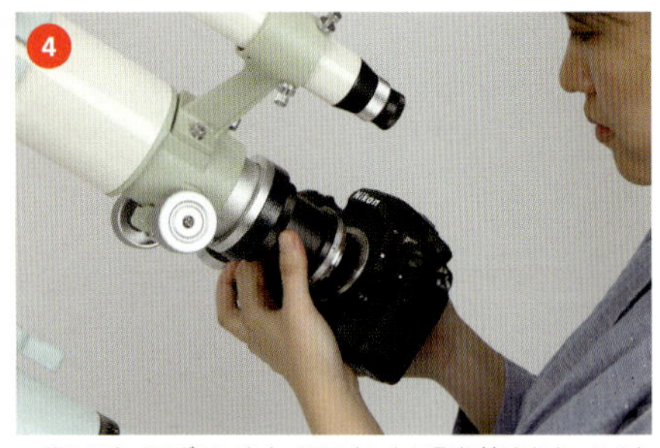

一眼レフカメラボディをカメラメウントに取り付けます。このとき、カメラマウントに刻まれている赤い点とカメラボディに刻まれている点の位置を合わせるのがコツです。

ガイド撮影とオートガイダー

高感度・短時間露出による撮影でも、美しい星雲・星団の姿を残すことはできます。しかし、ISO感度を低くして長い露出時間でより滑らかな描写を目指したり、長い焦点距離で迫力ある姿を写したいときには、自動ガイドでは対応できなくなります。そんなときは、撮影する望遠鏡自体や望遠鏡の隣に小型のガイド望遠鏡を同架して、被写体となる天体のすぐ近くの星を使い、一定の範囲からずれないようにコントローラーを操作しながら、ガイド望遠鏡の十字線上で監視しながら撮影する方法があります。これをガイド撮影といいます。近年では、その作業をWebカメラやパソコンが担う「オートガイダー」システムが盛んに使われるようになってきました。オートガイダーの普及で、撮影者の体力的・精神的負担はかなり軽減されました。

十字線入りのガイド用接眼レンズ（暗視野照明装置付き）

オートガイダーの制御にパソコンが必要なものと、パソコンを必要としないスタンドアローン型のオートガイダーとがあります。目的に応じて選びましょう。

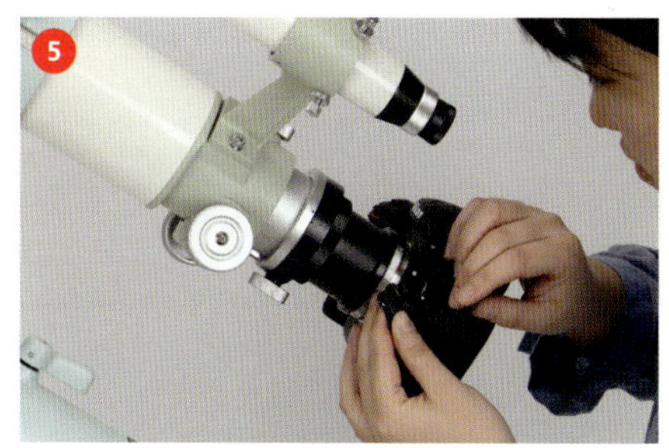

カメラボディの接続端子にリモートコードを取り付けます。リモートコードはできるだけ撮影の直前に取り付けましょう。不意に体や機材をぶつけて端子やリモートコードの付け根の破損を防ぐためです。

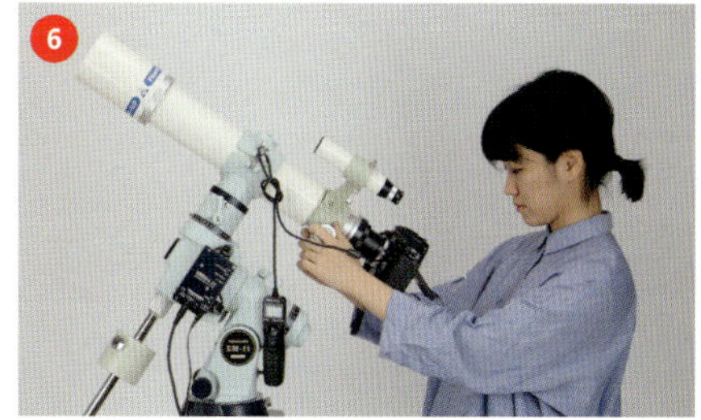

撮影したい星雲・星団を、ファインダーを利用して望遠鏡の写野に導入したら、ライブビュー画面を見ながら撮影したい星雲・星団を導入します。撮影対象天体が入ったら画面を拡大して、写野内の星を使ってピントを合わせます。このとき、少し暗めの星を使うとピントのピークがわかりやすくなります。

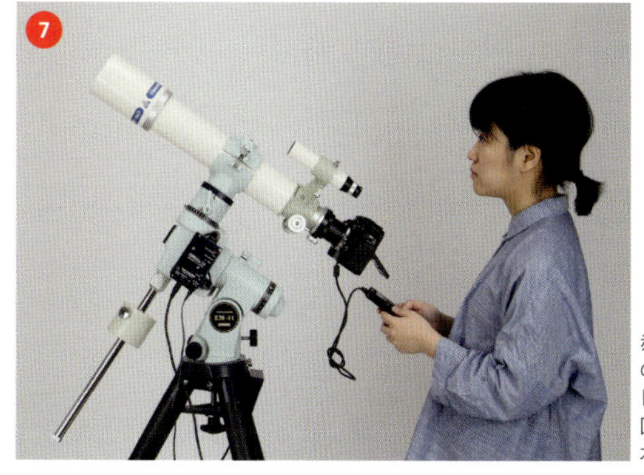

赤道儀のコントローラーを使って構図の微調整を行なったら、リモートコードを使ってシャッターを切ります。何回か写り具合や構図を確認してから本番の撮影にのぞみます。

星雲・星団の撮影手順（反射望遠鏡）

ニュートン式反射望遠鏡は、写野の中心は完全な点像で非常にシャープですが、周辺にいくにしたがい星が放射状に伸びるコマ収差が顕著になります。これを改善するのがコンバージョンレンズ「コマコレクター」です。写野周辺までシャープな星像が得られます。シュミット・カセグレン式望遠鏡でもレデューサーを装着してF6前後まで明るくすれば、長焦点で迫力ある姿を撮影することができます。

ニュートン式反射望遠鏡

ドロチューブに装着した直焦点ワイドアダプターを介して、一体化させたコマコレクターとカメラマウントを取り付けます。

カメラボディを取り付けます。このときカメラマウントに刻まれている赤い点とカメラボディのマウントに刻まれている赤い点の位置を合わせるようにするのがコツです。

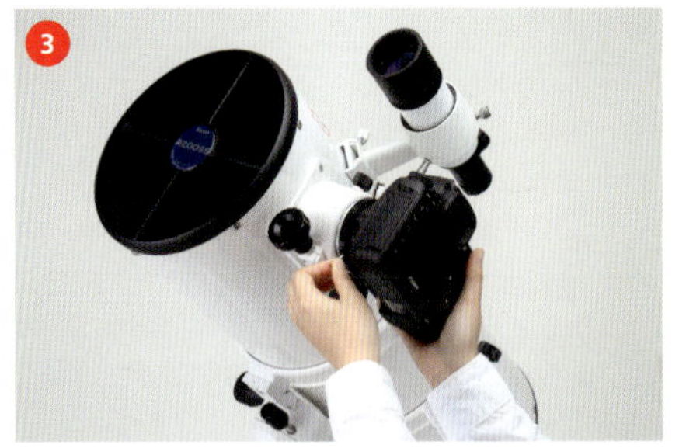

直焦点ワイドアダプターのネジを緩めて、カメラを鏡筒に対して平行または垂直に合わせます。画面の向きを南北に合わせるためです。平行では画面の長辺が南北方向（縦構図）に、垂直では画面の短辺が南北方向（横構図）になります。

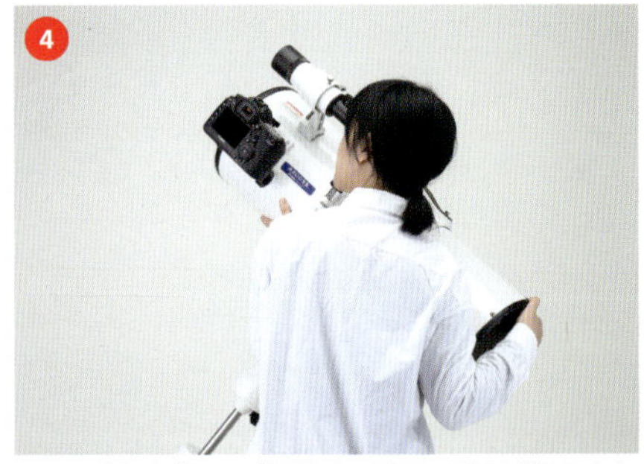

ファインダーを使って、撮影したい星雲・星団を導入します。視界の十字線の交点に天体の位置を合わせると、望遠鏡にも天体が導入されます。

イプシロン光学系

高橋製作所が天体写真撮影用に開発した、双曲面の主鏡を有する天体写真撮影向け望遠鏡。基本的な構造はニュートン式反射望遠鏡と変わりませんが、レデューサー系の2枚玉補正レンズを用いて完全な像面の平坦化を実現し、かつ双曲面の主鏡（ニュートン式は放物面）によって球面収差とコマ収差を除去しています。一般的なニュートン式反射望遠鏡のF値が4～6くらい（手順で紹介したビクセンR200SSはF4）に対して、イプシロン光学系ではF2.8～F3.3という明るさを実現しています。一般的なニュートン式反射望遠鏡よりも1/2～1/3の露出時間で撮影することができるので、動きの速い彗星などに大きな力を発揮します。低倍率であれば眼視での利用も可能です。

口径130mm、焦点距離430mm　F3.3のスペックを誇るε-130Dアストロカメラ

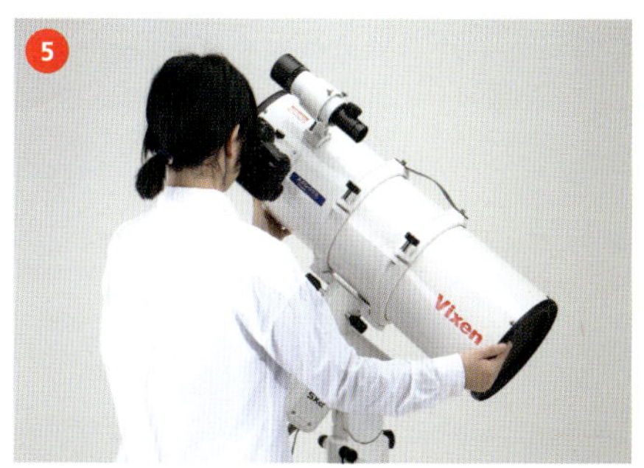

カメラの光学ファインダーをのぞきながら、画面の中央に天体を合わせます。明るい星団ではライブビュー画面で行なうことも可能です。

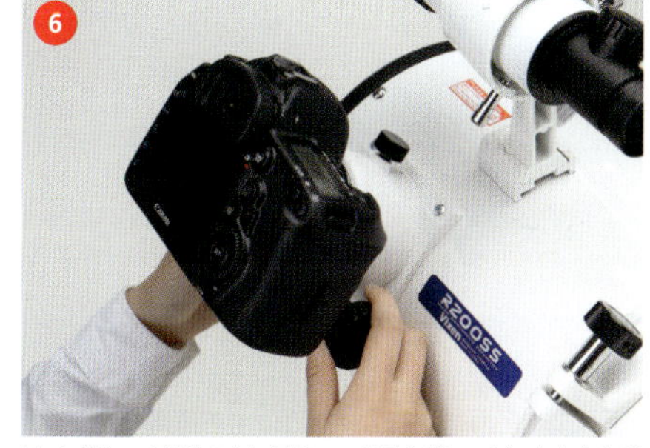

ライブビュー画面の中に見えている星を使ってピントを合わせます。ライブビュー画面の一部を拡大して行ないます。少し暗めの星を使うとピントのピークがわかりやすくなります。

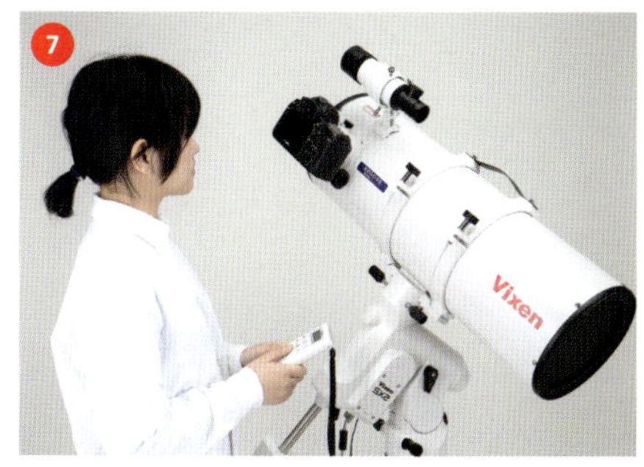

赤道儀のコントローラーを使って構図の微調整を行ないます。

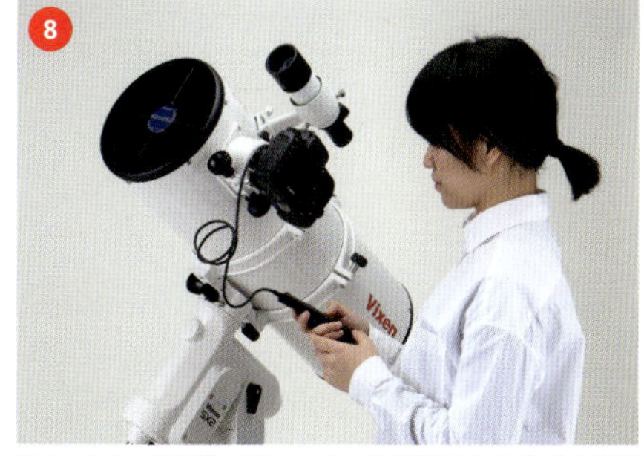

リモートコードを使ってシャッターを切ります。写り具合や構図を確認してから本番の撮影にのぞみます。

星雲・星団の作例

アンドロメダ座大銀河（M31） 日本で見られる銀河のうちで最大のものです。
口径200mm 焦点距離800mm F4 ニュートン式反射望遠鏡 露出30秒×8コマをコンポジット ISO3200

バラ星雲（NGC237） いっかくじゅう座に位置する散光星雲です。
口径100mm 焦点距離530mm F5 屈折望遠鏡 露出435秒 ISO1250 光害防止フィルター使用

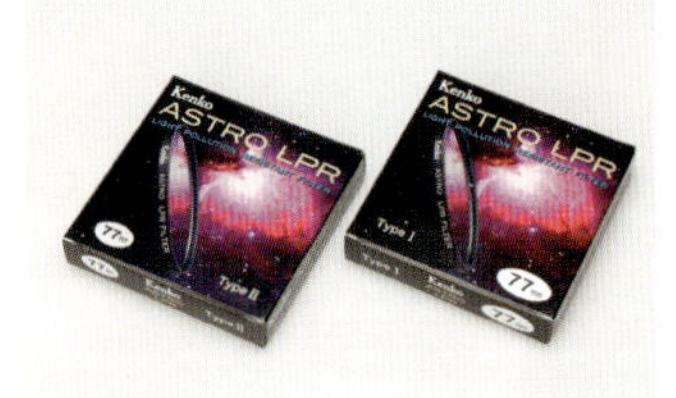

光害防止フィルター
天体撮影に著しい影響をおよぼす波長の光をカットするので、街明かりの環境の中でも星雲・星団などの撮影が可能になります。天体望遠鏡や望遠レンズでの使用に向いています。ただし、カラーバランスが崩れるので注意してください。

タイムラプス撮影

デジタルカメラを使って1枚ずつ一定の間隔を空けながら数百カット、数千カットの静止画を連続撮影する方法を「インターバル撮影」といいます。この撮影方法で得られた連続する静止画を、ビデオ編集ソフトを使って動画化したものが「タイムラプスムービー」です。ゆっくりと天空を移動していく星の動きを、時間を縮めて表現できます。

用意する機材は固定撮影と同じです。カメラ三脚、雲台、カメラ、レンズ、レンズフードに加えて、インターバル撮影を行なうためのタイマー付きリモートコードが必要になります。素材となる静止画は、星を点像で撮影する必要があることから、レンズは28mm以下の広角レンズが適しています。

タイムラプスムービーで大切なのは、作品のイメージ作りです。ポイントは「動」の世界である星や月、「静」の世界である大地や地上の風景の対比です。これが作品に臨場感をもたらすのです。1枚の写真作品と異なり、前景に入れる地上風景も、星や天の川が天空を動いていく様子を考慮しながら構図を決めなければなりません。ロケーション選びがカギになるので、ふだんから机上で地図や星空シミュレーションソフトを使ってイメージを広げておくことも大切です。

天の川が時間とともに動いていく様子など、タイムラプスムービーは、動きを表現するのがむずかしい天体写真に動きを与えてくれる画期的な手法です。

また、撮影するタイミングも大切な要素になります。星空は一日の中で、季節の中で、天空を西へ西へめぐっています。一日の中でも夕方から夜、宵から深夜、深夜から明け方、とさまざまな時間帯が存在し、季節によって見える星座や天の川の位置も変わっていきます。暗夜で撮影するのか、月明かりを入れて撮影するのか、月が沈む光の変化を加味するのかなど組み合わせは限りなく存在します。

長時間におよぶ撮影ですから、カメラをセットする場所も重要です。地面がしっかりしていて車のヘッドライトが入らない場所、街灯などの光が悪影響をおよぼさない場所を慎重に選ぶ必要があります。

タイムラプスムービーは、撮影する写真の枚数から何秒の動画を作成できるのかを事前に考えておく必要があります。基本は、「1秒間の動画を作成するのに必要な静止画は30枚」ということ。

たとえば、露出時間を15秒、インターバル時間を5秒とすると、撮影に合計20秒の時間を使いますから、1分間に３カット撮影できることになります。1秒分の動画を作るには30カットの写真が必要ですから、合計で10分の撮影時間が必要になることがわかります。逆に考えることもできます。また、インターバル撮影した600枚の写真からは20秒間（600÷30）の動画を作成することができるのです。この感覚を常に持つことが大切です。

星を点像で写す露出時間（第３章70ページを参照）を決めながら、インターバル時間を加味することによって、星が動く速さのさまざまなパターンを作ることができます。

たとえば、30枚の連続した静止画を10分かけて撮影するのと、1時間かけて撮影するのとでは、星の動きの表現が変わります。前者は10分間の星の動きを1秒で表現するのでゆっくりとした動きの動画になり、後者は1時間の星の動きを1秒で表現するので速い動きの動画になるのです。このように露出時間とインターバルタイムの設定を組み合わせながら、全体の撮影時間をどのくらいにするのかが、作品の色を決めていくことになります。

デジタル一眼レフカメラの中には「微速度撮影」という機能を設け、インターバル撮影を行ないながら、タイムラプスムービーをカメラ内で生成できるものが登場しています。朝方や夕方を入れた撮影でわずかな露出のばらつきによる不自然さを解消する「露出の平準化」という機能があるので活用したいものです。また、「星空モード」という機能が搭載されている一部のコンパクトデジタルカメラにも「星空インターバル動画」という名称でタイムラプスムービーが気軽に撮影できるものもあります。

タイムラプス撮影でとくに気を付けなければならないのが、撮影中のレンズへの夜露や霜の付着です。ときには数時間以上におよぶ撮影の中で、撮影中にレンズ表面の様子を確認することはできません。レンズフードにヒーターを装着して万全の対策を立てる必要があります。

また、カメラのバッテリーやタイマー付きリモートコードのバッテリー切れにも注意が必要です。メモリーカードの容量も充分余裕を持って準備するとともに、インターバル時間を短く設定する場合は書き込み速度の速いものを選ぶ必要があります。三脚を地面にしっかり固定することはもちろ

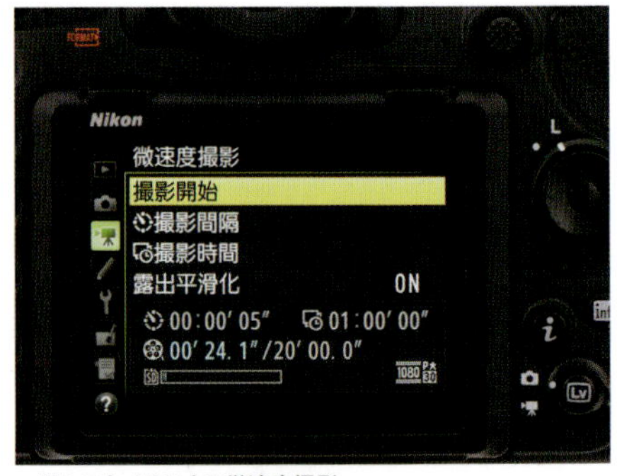

一眼レフカメラによる微速度撮影
撮影間隔、露出時間などを設定します

ん、正確なピント合わせ、撮影中の不用意なライトの使用などにも充分気を付けましょう。タイムラプス撮影は風にない夜に行なうことも大切です。木々が揺れる様子が動画の中で激しく動いて表現されるためです。

インターバル撮影を終えて素材が準備できたら、ビデオ編集ソフトを使ってタイムラプスムービーを作ります。ビデオ編集ソフトもさまざまなものがありますので、専門書などを参考に選びましょう。

撮影枚数を設定します。この場合は240枚です。

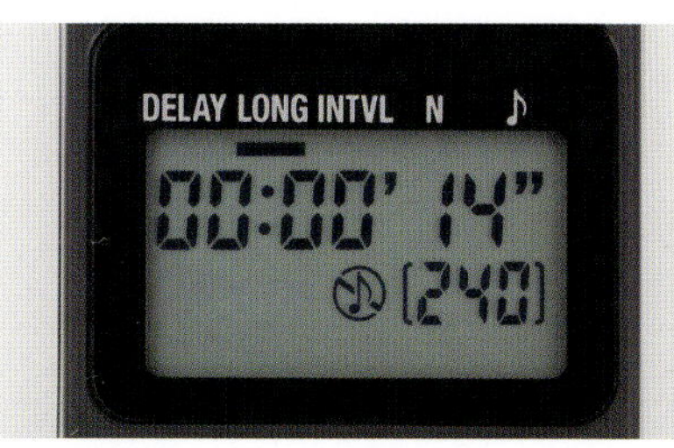

露出時間を設定します。この場合は14枚です。

インターバル時間を設定します。この場合は露出時間14秒との差で1秒となります。

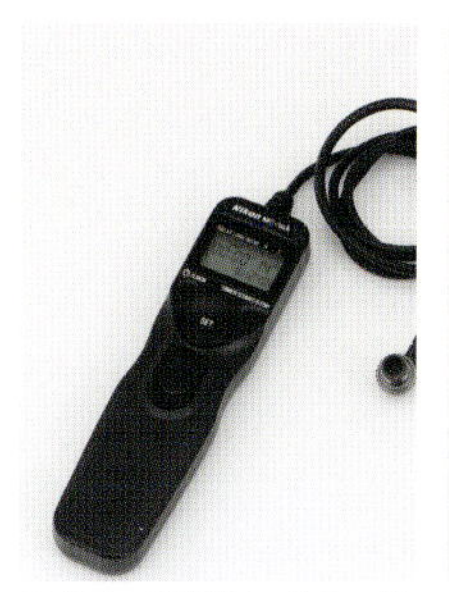
タイマー付きリモートコード
露出時間やインターバル時間、撮影枚数などを設定して使用します

タイムラプス撮影の基本システム
インターバル撮影をカメラ内の設定で行なえる機種もあります

モーションタイムラプスムービーに挑戦

通常のタイムラプス撮影では、三脚にカメラを固定した状態で連続撮影を繰り返します。一方で、モーションタイムラプスムービーは1時間で数度程度の非常にゆっくり回転する電動ターンテーブルのような機材にカメラを搭載して、インターバル撮影中にカメラワークを加える撮影法です。

カメラを水平方向に回転させながらの撮影のほかに、垂直方向に回転させながら撮影することもできます。モーションタイムラプスムービーは、映画のワンシーンのような表現を可能にしてくれる現在もっとも注目されている撮影手法です。写真はビクセンのポータブル赤道儀「ポラリエ」をターンテーブルに利用したモーションタイムラプスムービーのシステムです。

ポラリエ（ビクセン）のタイムラプス撮影仕様

天体の動画撮影

天体の動画撮影は魅力的なテーマの一つです。最近では超高感度で、しかも4K画質で動画撮影ができるミラーレス一眼カメラが登場し、星空や天の川に加えて流星も撮影できるようになりました。動画撮影ができる機材としては、Webカメラ、デジタルカメラ（動画撮影機能搭載のもの）、デジタルビデオカメラがあげられます。

Webカメラは PCカムともよばれる高性能なパソコン用ビデオカメラです。パソコンのUSB端子などに接続して、付属している録画ソフトを使い、パソコンのハードディスクに録画します。

搭載されているイメージセンサーは640×480ピクセルなどの小型のものが多く、直接焦点撮影や拡大撮影法での月や惑星、太陽の撮影で盛んに使われています。スローシャッターや低フレームレートが利用できたり、高感度性能に優れたものを選ぶとよいでしょう。月や太陽などの明るい天体を高精細に撮影するには1920×1080ピクセル、1280×720ピクセルといったHD（High Definition）規格のものを、惑星などの低照度の天体を撮影するには、画素サ

一瞬の天文現象である流星は、動画でとらえられたら最高です。流星群のときは群名になっている星座の方向へカメラを向けておくとよいでしょう。

イズが比較的大きく高感度なVGA（640×480ピクセル）規格のイメージセンサーを搭載したものが適しています。

デジタルカメラは、現行機種のほとんどすべてに動画機能が搭載されています。デジタル一眼レフカメラやミラーレス一眼カメラのイメージセンサーは、35mm判フルサイズやAPSサイズ、マイクロフォーサーズで、Webカメラやデジタルビデオカメラにくらべて大きいために、惑星などをより大きく写すためには拡大撮影法で拡大率を上げなければなりません。その結果天体像が暗くなってしまい、とくに35mm判フルサイズやAPSサイズのセンサーを搭載したものは暗い被写体を大きく撮影するには向いていません。その一方で、35mm判フルサイズのミラーレス一眼カメラで、ISO感度が102400の超高感度で撮影できるカメラが登場しています。1920×1080ピクセルや1280×720ピクセルといったHD規格での撮影はもちろんのこと、3840×2160ピクセルの４K動画を一般的なフレームレート30fps（1秒間に30フレーム撮影）で撮影することができます。F1.4クラスの明るい広角レンズとの組み合わせで撮影した星空の光景や天の川の姿は息を呑む美しさです。加えて流星を動画で撮影するには最適で、暗い流星までとらえることが可能です。流星群の撮影にも活躍することでしょう。

デジタルビデオカメラはWebカメラや動画機能が搭載されたデジタルカメラが登場するまでは、盛んに天体動画撮影に用いられていました。レンズを交換できないデジタルビデオカメラは、コンパクトデジタルカメラのようにコリメート法で撮影します。月や惑星の動画撮影に適しており、月や惑星の強拡大や暗い天体には低フレームレートで低速シャッターを利用できるものが適しています。イメージセンサーが小さいのでダイナミックレンジなどは劣るものの、天体の明るさを落とさず大きく撮ることができます。スローシャッターを使った動画撮影はデジタルビデオカメラならではの機能といってよいでしょう。

動画はモニターで臨場感ある光景を楽しむことができるほかに、イメージスタッキング法を使った静止画の作成が行なえます。動画から選び出した複数枚の静止画をスタッキングすることで天体像のボケを平均化した静止画を作り、それを画像の鮮鋭化や画像復元の手法を使って画像処理を行なうこの方法は、月や惑星の写真の主流になっています。

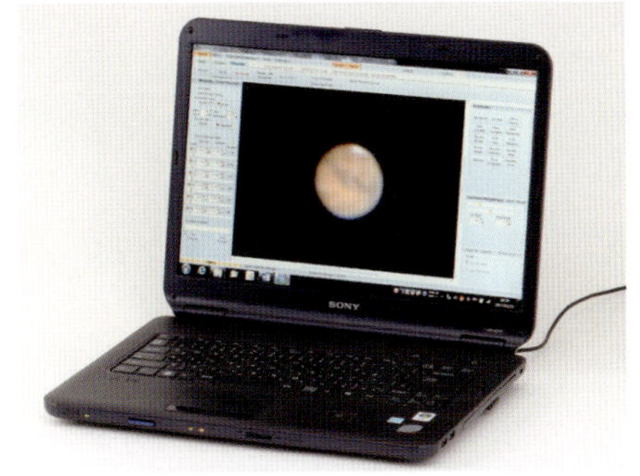

RegiStax（写真）などのスタッキングソフトを使って、動画から静止画を作成することもできます。

撮影の失敗例

●ピントが合っていない

ピントは天体写真では命といえます。ピントが合わない理由はいくつか考えられますが、一つは、AF（オートフォーカス）モードになっていて、シャッターを切ったときに知らない間にピントが動いてしまう場合です。もう一つは、操作中にピント調整リングに指が当たったりしてピントがずれてしまう場合です。撮影時はマニュアルモードに設定し、ピントを合わせたらピントリングをテープで固定するなど工夫しましょう。

●ブレ

ブレはさまざまな要因で起こります。露出中に体がカメラに当たったり、三脚を蹴ってしまう場合、三脚が部分的に沈み込んだり、強度が弱く強風であおられて揺れてしまう場合、また霜柱で持ち上がってしまったりすることもあります。星がわずかに揺れて写ったり、二重三重に写ったりしていたらブレを疑って、三脚を立て直すなどしましょう。原因を探り、ブレが起きないようにしましょう。

●ライトが入る

手元ライトやヘッドライトは撮影時になくてはならないものですが、露出中は使い方に充分注意する必要があります。むやみにライトを点けると、たとえ自分の写真に入らなくても、近くで撮影している人の写真に影響してしまうこともあり、ライトを点けるときはひと声かけるようにしたいものです。画面の中に光が入らなくても、ライトによっては近くの風景を赤く照らし出してしまったりするので、露出中は極力使用を控えるのがよいでしょう。

●雲の通過

写真に幻想的な演出をしてくれる雲も、ときには邪魔な存在になります。とくに、晴れている夜でも淡い雲が夜空のあちこちに湧き上がるような気象条件のときは要注意です。街に近い場所では雲は街灯りを受けて白っぽく浮かび上がって見えますが、空の暗い場所では雲の存在自体を見落としてしまうことも多いものです。露出中は撮影方向に気を配り、雲の通過や写り込みに注意しましょう。

●光の乱反射

天体写真の大敵は、車のヘッドライトのような強烈な光です。露出時にこのような強い光がレンズに入り込むと、レンズ内でフレアやゴーストを生じることがあり、せっかくの写真が台無しになってしまいます。ヘッドライトの影響を受ける可能性の高い道路の近く、とくにカーブの外側などでの撮影は控え、強烈な光がレンズに入らない工夫をすることが大切です。

●夜露

湿気の多い夜の撮影では、レンズやフィルターの夜露や霜の付着に充分注意を払いましょう。夜露や霜が付着すると、星の光がぼやけたり、ときにはほとんど写らなくなってしまうので、撮影の合間にときどきレンズやフィルターの表面を確認するようにしましょう。このような気象条件での撮影時は、初めから市販されているレンズ用のヒーターを装着しておくのもおすすめです。

知っておきたいレタッチ（画像処理）

撮影した画像はもちろんそのままでも楽しめますが、ソフトウェアを使って画像をレタッチするとさらに完成度を高めることができます。パソコンが苦手でも基本の操作さえ覚えれば初歩的なレタッチをすることができるので、ぜひ天体写真をきっかけに初めてみましょう。

レタッチをマスターするには専門書や天文雑誌などを読み、さまざまなテクニックを習得する必要がありますが、ここでは天体写真でよく使われる代表的なレタッチテクニックを紹介します。

レタッチに必要な道具

【パソコン】

レタッチソフトを動かすパソコンが必要です。OSは使いなれているもので問題ありません。パソコンのスペックの目安ですが、もちろん高性能であれば処理速度も速く、ストレスなく作業できますが、かならずしも最新型のマシンが必要なわけではありません。中級機程度のスペックで充分です。2017年現在の目安の一例としては、CPUはCore i5以上、メモリーは2GB（ギ

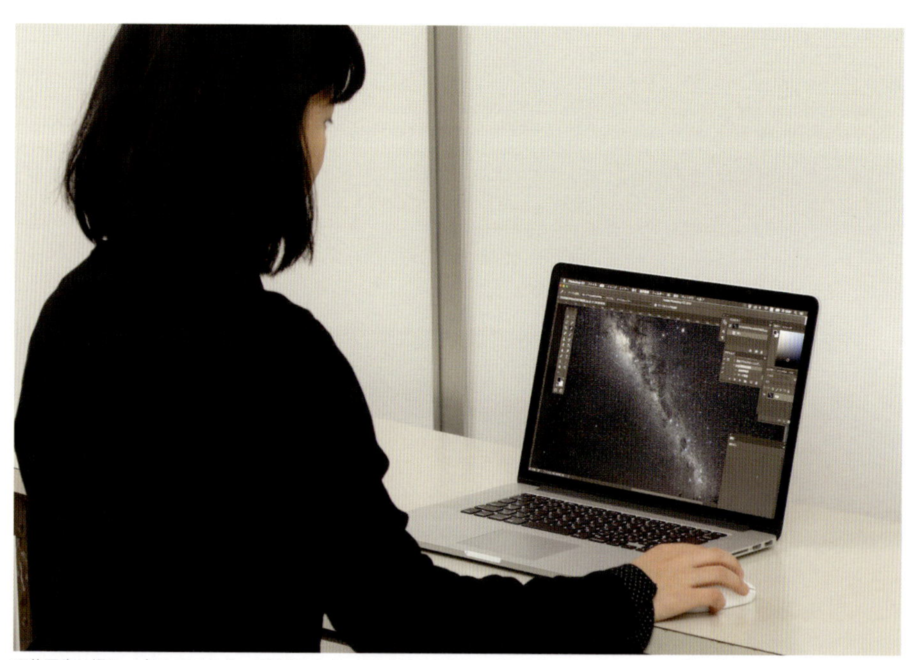

天体写真は撮りっぱなしではなく、撮影後にレタッチをするのが基本です。レタッチをすることで天体写真のクオリティはおどろくほど向上します。まずは基本的なテクニックから始めてみましょう。

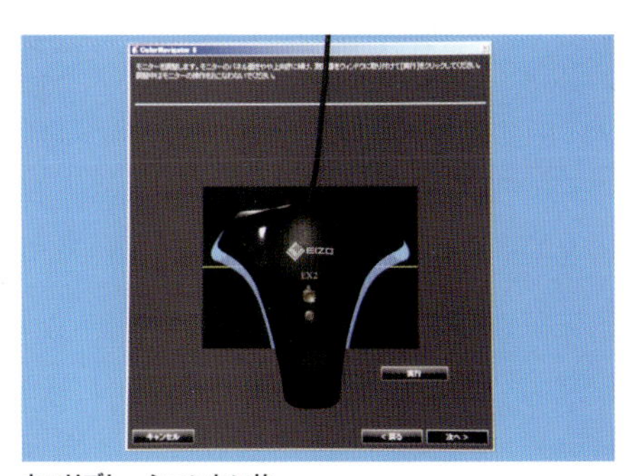

キャリブレーションセンサー
画像処理を始める前にモニターの色合いを調整しましょう。

モニターをプロファイリング
モニターのプロファイルを作り、保管しておきましょう。

ガバイト）以上、ハードディスクは1TB（テラバイト）以上あれば充分でしょう。

【外付けハードディスク】

パソコン内蔵のハードディスクでレタッチ作業はできますが、ハードディスクはいつかかならず壊れてしまうので、画像データのバックアップを取っておくために外付けのハードディスクがあると安心です。最近は容量の大きなものも買いやすくなってきたので、2TBくらいのハードディスクを1台買っておくとよいでしょう。

【モニター】

レタッチはモニターに画像を表示して作業をするので、色再現性に優れたモニターが必要です。プリンターなどと色味を合わせることができるカラーマネージメント機能を備えたモニターが適していますが、一般的なモニターより少し価格が高くなります。手ごろな価格の良いモニターを選ぶには、モニターを数多く展示している量販店などで、カラーマネージメント機能付きのモニターと比較して、それほど見え方に差のないものを選ぶとよいでしょう。

モニターのサイズは24インチあれば充分ですが、設置場所と予算に余裕があれば27インチ程度の大きなモニターもおすすめです。モニター画面の仕様は、黒味の多い天体写真の場合、光沢のある画面だと鏡のように反射して作業がしにくいので、ノングレアとよばれる光沢のない画面のモニターを使いましょう。

【フォトレタッチソフト】

さまざまなフォトレタッチソフトが市販されています。高価格のソフトウェアを初めから導入しなくても、デジタルカメラに付属しているものや、カメラメーカーのホームページからダウンロードできるソフトウェアもあるので、まずはこれらを入手し、レタッチを始めてみるのもよいでしょう。

パソコンによるレタッチの例 (Adobe Photoshop CC®を例にしています)

レベル補正

画像全体のシャドウ、ハイライト、中間調の明るさの調整に便利なのがレベル補正機能です。操作画面にはレベル補正ダイアログとよばれる棒グラフが表示されています。これは横軸が明るさ、縦軸が各諧調でのピクセル数を表したグラフで、このグラフで画像の露出の状態がわかります。

操作はレベル補正ダイアログの下にある3つのスライダーを動かして行ないます。両端のスライダーは、シャドウとハイライトの位置を決めるために使います。左側のシャドウのレベルを決めるスライダーを右に動かせば、スライダーよりも左に位置するピクセルは「黒」として扱われ、右側のハイライトのレベルを決めるスライダーを左に動かせば、スライダーの位置よりも右に位置するピクセルは「白」として扱われます。

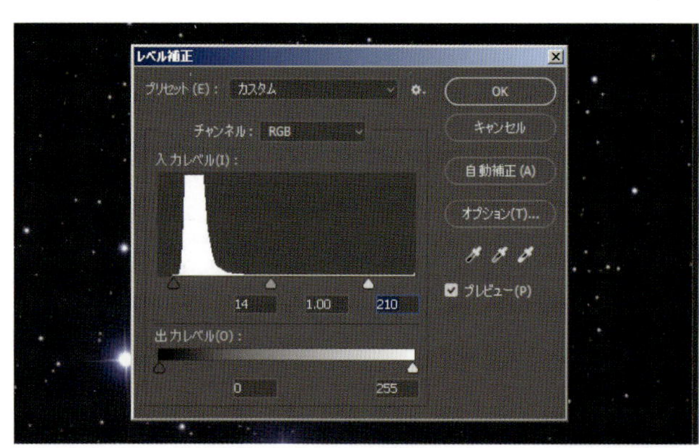

ヒストグラム調整画面

レベル補正前の画像

レベル補正後の画像

トーンカーブ調整

レベル補正と同じような機能ですが、レベル補正ではシャドウ、中間調、ハイライトの3つのパラメーターでしか操作できなかった明るさの調整を、シャドウからハイライトまで連続的に調整できるのが、トーンカーブ調整の特徴です。操作画面には曲線グラフが表示され、曲線のカーブを操作することで調整を行ないます。このグラフは横軸を明るさ、縦軸をその明るさに対する出力値として表したもので、曲線の任意の点を選んで動かすと、その値の周辺の明るさが変わります。この点は複数設定することができるので、たとえば画像内の諧調の一部分だけ明るくしたり、暗くしたりすることができます。また、これらを組み合わせてコントラストを調整することもできるため、淡い星雲や銀河を強調するときなどによく使います。

RGBでの調整のほかに、R画像・G像・B画像それぞれのチャンネルで独立して調整できるので、128ページのカラーバランス調整よりもさらに細かい調整が可能です。

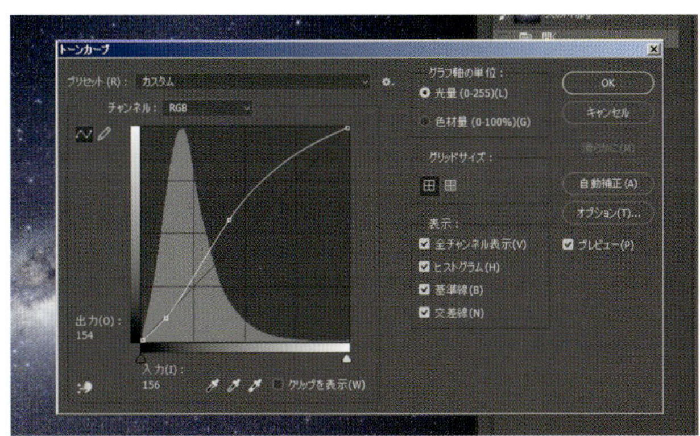

トーンカーブ調整画面

トーンカーブ調整前の画像

トーンカーブ調整後の画像

カラーバランス調整

画像のカラーの混合率を変えることで、簡単な色調補正ができます。操作はレッド(R)、グリーン（G)、ブルー（B）の各チャンネル3つのスライダーを動かして行ない、それぞれのスライダーを動かすと、画面全体の色調が変えられます。光害の影響を受けて緑やオレンジの色カブリがある画像の補正や、星空全体の色調を整えたりするのに便利な機能です。シャドウ、中間調、ハイライトの3つのパラメーターを別々に調整できますが、より細かい調整がしたい場合には、トーンカーブ調整機能にRGBそれぞれ別に調整する機能があります。

複数画像の合成

【コンポジット】

複数枚の画像を重ねることで、ノイズを減らしたり、多重露出したような画像を生成したり、ノイズを減らしたりすることができるので、天体写真においてはコンポジット（合成）処理がよく使われます。

【加算平均】

画像のランダムノイズを減らすために使う合成方法で、同じ構図で撮った写真を複数枚重ねることで、「$1/\sqrt{\text{重ねる画像の数}}$」にすることができます。天体写真では星が動いてしまうため、超高感度で星の動きが

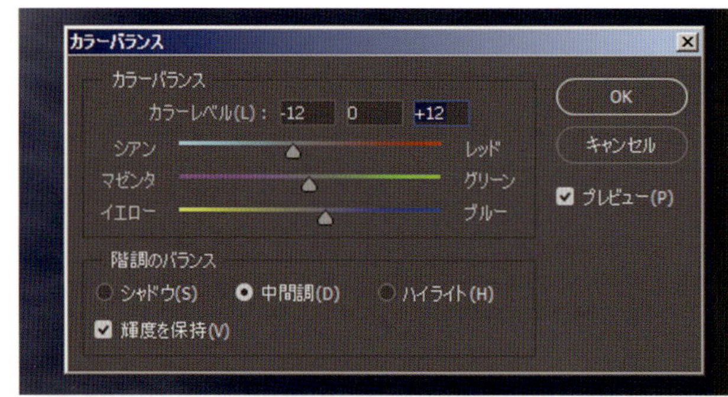

カラーバランス調整画面

カラーバランス調整前の画像

カラーバランス調整後の画像

無視できる程度の時間で複数枚撮影した場合や、ガイド撮影をした場合しか複数枚の画像を重ねることはできませんが、効果的にノイズを減らせる方法です。

Photoshopのスクリプト機能から[統計]を選び、画像のスタックを[平均値]にして処理を行ないます。枚数が少なければ、100%、50%、25%のように透明度を変えたレイヤーを複数枚重ねる方法も使えます。また、カメラに搭載されている「マルチショットノイズ低減機能」とよばれる機能も同じ原理なので、短い露出時間の画像であれば、この機能での合成も有効です。

比較明合成

固定撮影で構図を変えずに撮影した複数枚の写真を合成して、多重露出したような効果を得る方法です。日食や月食などの経過写真や、連続して撮影した複数枚の星空の写真から日周運動を表現した写真を生成することができます。

多重露出との違いは、合成する画像全体が蓄積されるわけではなく、合成する2枚の画像を比較して、画像内の明るい部分のみを使って生成していくという点です。つまり1+1=1、1+2=2、3+5=5というように合成する画像の明るい部分だけを加算して合成していく方法です。少ない枚数の場合にはPhotoshopでレイヤーの合成方法を「比較明」にして合成していきますが、専用のソフトもあるので、合成する写真が多い場合にはそちらを使ってもよいでしょう。

パノラマ合成（モザイク合成）

天の川など、一般的な広角レンズでは被写体の全体が入りにくい場合に、複数枚撮影した画像を使ってモザイク合成を行ないます。被写体がある程度重なるようにカメラをずらして撮影し、レタッチの段階で星の位置を合わせながら合成していくのですが、レンズには固有の歪みがあるため、手動で合成しようとしても簡単にはつながりません。しかしパノラマ合成ソフトを使うと簡単に合成することができます。Photoshopにも「フォトマージ(Photomarge)」とよばれる合成機能があります。

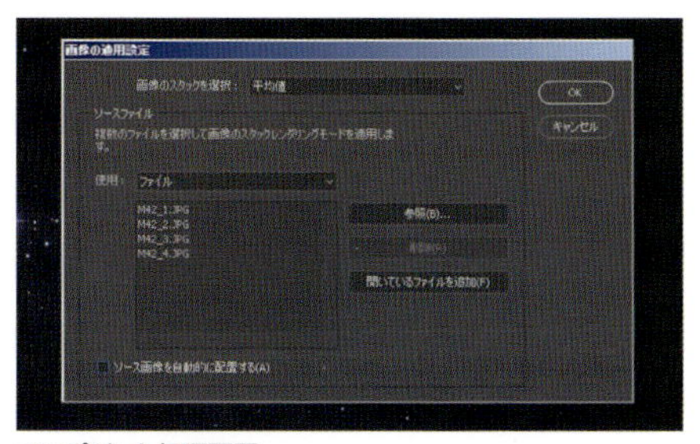

コンポジット処理画面

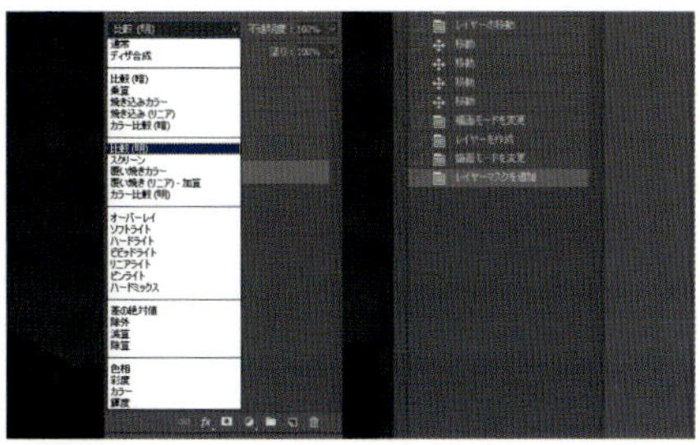

比較明合成中の画像

天体写真に使われる画像処理ソフトウェア

天体写真だからといって特別な画像処理ソフトウェアでないと画像処理ができないことはありません。簡単なベースとなる処理でしたら一般的な画像処理ソフトウェアで充分対応できます。

しかしちょっと複雑な処理をするとなると、ここで紹介するような画像処理ソフトウェアがあると便利です。それぞれ特徴によって使い分けましょう。

ここでは天体写真に使われるおもな画像処理ソフトウェアを紹介します。

Adobe Lightroom®

写真の整理や管理、RAW現像などを行なうソフトです。簡単な画像処理機能も備え、色調補正やノイズの低減処理、マスクを使った合成、レンズのゆがみ軽減など、基本的な画像処理からプリント、スライドショーの作成、Webへの公開まで、さまざまなことをこのソフトウェア1つで行なえます。

また、ほとんどのカメラのRAWデータにも対応しており、Photoshopと併せて使うことで、ほとんどの画像処理が行なえます。

Adobe Photoshop CC®

いわずと知れた代表的な画像処理ソフトウェアです。レベル調整からトーンカーブの調整、CCDのゴミの除去から、写り込んでしまった不要な電柱などの除去、カラーバランスの調整や複雑な合成処理ほとんどの画像処理をこのソフトウェアで行なうことができます。

ただし、プロフェッショナル向けのソフトのため、機能が多過ぎて使いにくい場合もあるかもしれません。

Google Nik Collection

Googleが提供しているフリーの画像処理ソフトウェアです。無料ですが、強力な画像処理ソフトウェアで、トーンカーブ調整やCCDのゴミの除去はちろんのこと、ゆがみやレンズの周辺減光の補正、ノイズ除去、プリンターの解像度に合わせたプリント用のシャープネス処理など、多くの処理がこのソフトウェアで行なえます。

また、PhotoshopやLightroomなどと連携させてそれぞれ得意な処理を行なうことも可能です。パソコンの容量に余裕があれば入れておきたいソフトウェアの一つです。

ステライメージ

天体写真に特化した画像処理ソフトウェアです。おもなカメラのRAWデータはもちろんのこと、天体写真でよく使われるFITS形式にも対応しています。さらには、冷却CCDカメラで撮像した画像を読み込むこともできます。

画像処理の面でも、天体写真の処理過程で使われるダーク、フラット（ブライトフレーム）補正、ホット/クールピクセル(CCDの輝点・暗点)の除去から、さまざまなコンポジット処理、光害などによる背景の不均一なカブリの補正、さらには、ホワイトバランスは変えずに特定の彩度を調整するLab色彩補正など、Photoshopなどのソフトウェアではむずかしい処理も、比較的簡単に実現できる便利なソフトウェアです。

SILKYPIX

カメラの同梱ソフトとして採用されている場合もも多く、写真愛好家に人気のある画像処理ソフトです。RAWデータの現像から、明るさの補正やトーンカーブ、ゆがみやレンズの周辺減光の補正、ノイズ除去やカラーバランスの補正、CCDのゴミの除去など基本的な画像処理を連続して簡単に行なうことができます。

ダーク補正等の合成をともなう処理や、部分補正など複雑な処理はできないことが多いのですが、手軽にRAW現像ができるので便利です。

DxO OpticsPro

レンズの歪曲や色収差などの補正を得意とする画像処理ソフトウェアです。基本的な画像処理に加えて、300種類以上のカメラと950本以上のレンズの組み合わせに関するデーターを数値化してソフトウェア内に持っているので、その数値をもとに自動的に歪曲、周辺光量の低下、色収差、レンズブラー(レンズによる画質低下)を自動で補正することができます。

カメラ付属のソフトウェア

購入したカメラに付属するが画像処理ソフトでも、明るさやハイライト、シャドウのコントロールなどある程度の画像処理やRAW現像が可能です。

たとえば、ニコンのカメラに付属してくる画像処理ソフトがView NX-iですが、トーンカーブの調整や、写り込んだイメージセンサーの埃のレタッチ、レンズの周辺減光の補正などはさらに高度な画像処理には、Capture NX-Dを使います。

キヤノンのDigital Photo Professionalは、RAW画像の色調整やコントラスト、シャープネス、トリミング、明るさ、ホワイトバランスなどを調整して現像、JPGやTIFFといったファイルに変換することができます。

「ステライメージ8」は、本格的な天体写真の画像処理に使える便利な機能を多数備えています。

写真をプリンターで出力する

満足のいく写真が撮れ、さらに画像処理も完了したら、ディスプレイで見て楽しむだけでなく、プリント出力してじっくり眺めたいものです。もちろんWebに公開したり、SNSに投稿して、画面上で楽しむこともよいのですが、友人や家族に手にとってじっくりと見てもらうには、ぜひとも出力することをおすすめします。また、雑誌などに掲載されるフォト・コンテストのほとんどは、プリントしての応募が基本ですので、正しい印刷方法を知っておきましょう。

基本的に、出力する方法は通常の写真プリントと同じです。おすすめは6色以上のインクを使うインクジェットプリンターです。もちろんインクの色数が多い方が、細かい色表現ができます。

インクには染料系と顔料系があり、2つを組み合わせたものもあります。染料系のプリンターの方が色が鮮やかに再現され、顔料系のプリンターは重厚感のある色再現が得意といわれています。市販のA4プリンターのほとんどが染料系のインクを使用していますが、写真用の高級モデルやA3プリンターでは、顔料を使うプリンターも選べます。また、プリントの保存性は、染料系のプリントもだいぶ退色が少なくなってきましたが、顔料系のプリントの方が紫

さまざまなプリント用紙
写真のプリント用紙にはさまざまなものがあります。プリンターメーカーの推奨する用紙を使えば失敗は少ないのですが、サードパーティーからもさまざまな用紙が発売されていますから、好みの用紙を見つけるのもおもしろいものです。

外線などによる退色には強いといわれています。印刷する写真のサイズは、A4のプリンターが一般的ですが、写真を大きく伸ばして展示などを行ないたいのであれば、A3ノビに対応したプリンターを購入してもよいかもしれません。

プリンターとパソコンをつないだら、いよいよプリントです。出力には使いなれた画像処理ソフトをつかうとよいでしょう。プリントする画像を選んだら、用紙サイズ、用紙の種類を設定します。印刷品質は「きれい」を選びましょう。機種によっては、プリンター側でも用紙の設定をしないといけないものもあります。その場合にはプリンター側とパソコン側で用紙を正しく設定します。光沢紙でも、種類によって設定が変わり、正しい用紙設定にしないと用紙の性能が出しきれず、出したい色が出なかったり、インクが多過ぎてにじんでしまったりするので、純正用紙でない場合には用紙の説明書をよく見て設定しましょう。大きいサイズでプリントをするときは、まず小さな用紙にテストプリントしてみましょう。プリントができたら濃度や色調を確認します。プリンター出力の際、とくに注意しないといけないのがプリントしたてのときと、乾燥してから色が変わる「ドライダウン」という現象です。プリントしてすぐの画像はまだインクが乾いていないので正しい色味がわかりません。とくに顔料インクを使用したプリンターの場合、色材である顔料成分が用紙に定着するまで時間がかかります。できれば20分〜1時間は乾燥させて様子を見ましょう。

また、プリントを確認するための照明は大事で、電球色や、昼白色の光の下では正しい色評価はできません。太陽光で確認するのが一番よいのですが、できれば色評価用の蛍光灯スタンドを用意するか、昼光色の蛍光灯を使って色味を見るようにしましょう。また最近のディスプレイではプリンターと色を簡単に合わせることができるツール（ソフトウェア）を用意しているものもあります。使っているディスプレイとプリンターが対応しているようなら積極的に使用するといいでしょう。

キヤノン PIXUS PRO10S
A3ノビ/半切までの用紙サイズに対応した10色の顔料インクを使用するプリンター。

キヤノン PIXUS TS9030
A4サイズまでの用紙サイズにに対応した6色の染料インクを使用するプリンター。

撮影データの管理

フィルムカメラでは、現像したフィルムを物として保管・管理する必要があります。対してデジタルカメラは、撮影した写真をデータとして保存します。データは撮影に使用したメモリーカードに一時的に保存することもできますが、その間はそのカードが使用できなくなりますし、構造上、長く保管することに適していないので、撮影後はすみやかに外付けハードディスクに転送するのが最適です。

ハードディスクにはさまざまな種類があります。代表的なものは、机上に置ける据え置きタイプ、持ち運び便利なポータブルタイプの2つで、保存容量も数百GBから数TBのものまで市販されています。また、ポータブルタイプのSSD（ソリッド・ステート・ドライブ）は、転送速度が非常に速く、故障が少ないことが特徴です。

しかし、ハードディスクにデータを入れたからといって安心はできません。ハードディスクのトラブルなど何が起きるかわかりません。かならずもう一つ別なハードディスクに転送するのが望ましいでしょう。なお、複数のハードディスクで構成されたRAID（レイド）という記録装置があり、一台でつねに二重でバックアップをとることができます。

最近はクラウドサービスを利用したデータの保管も使える環境が整ってきています。とくに重要なデータはクラウドにも保管しておくのがおすすめです。

外付型けHDD（ハードディスクドライブ）とSSD
据え置きタイプ（左）、ポータブルタイプ（中）、ポータブルSSD（右）。使用目的や保存容量など、自分の使い方に合わせて選択しましょう。

4
撮影実践編

ソフトフォーカスフィルターを使う

フィルムで撮影した天体写真では、フィルムのベースに星からの光がにじむハレーションやイラジュレーションという現象がありました。これは一般の写真ではマイナス要因でしたが、天体写真では星の明るさに応じて適度に光がにじむことから、とくに星座を写した写真では効果的に使われていました。ところが、デジタルカメラで撮影すると、非常にシャープな星像を結ぶため、明るい星も暗い星もすべて小さく写り、のっぺりとした印象の写真になってしまいます。そのような写真にメリハリをつけられるのがソフトフィルターです。ソフトフィルターはディフュージョンフィルターまたは拡散フィルターともよばれます。ソフトフィルターを使うと、星がにじんで星座や星の並びがわかりやすくなり、星空写真の存在感をぐっと引き立ててくれます。デジタルカメラによる天体写真（とくに星空や星座を写した写真）にはなくてはならないものです。

ソフトフィルターは無色透明ですが、表面に無数のわずかな凹凸をつけてあり、光を若干にじませることができます。被写体の周りがにじみ、画面のコントラストを落とす効果があることから、ポートレイト撮影でも多用されるフィルターです。にじむ効果やその強さにはさまざまな種類があり、メーカーごとに特徴に違いが見られるので、自分の求める効果のものを選びましょう。ガラス製のものやシート状のものなどフィルターの素材もいくつかあります。これらはレンズのフィルターネジに直接取り付けたり、ホルダーを介してレンズ前面に取り付けることができます。レンズによってはレンズ後部（マウント側）にシートフィルターを挿入できるスロットが付いているものもあります。なお、レンズ後部にシートフィルターを装着した場合は、ピントの位置がずれるので注意してください。

フィルターは破損したり汚れが付着しないよう、慎重に扱いましょう。ガラス製のフィルターはうっかり落とすと割れてしまうこともあります。

フィルターなし

ニコンソフトフィルター

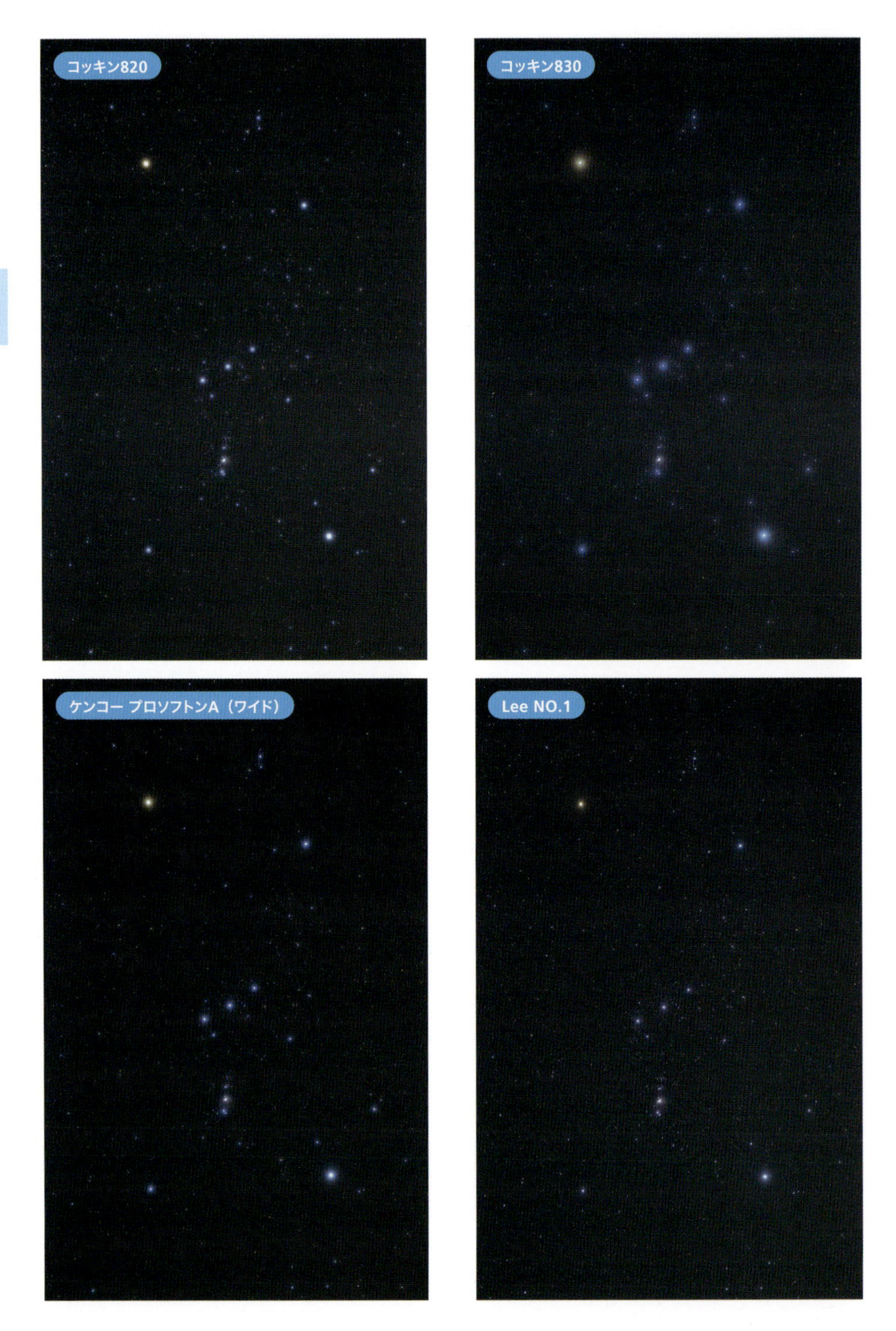
コッキン820
コッキン830
ケンコー プロソフトンA（ワイド）
Lee NO.1

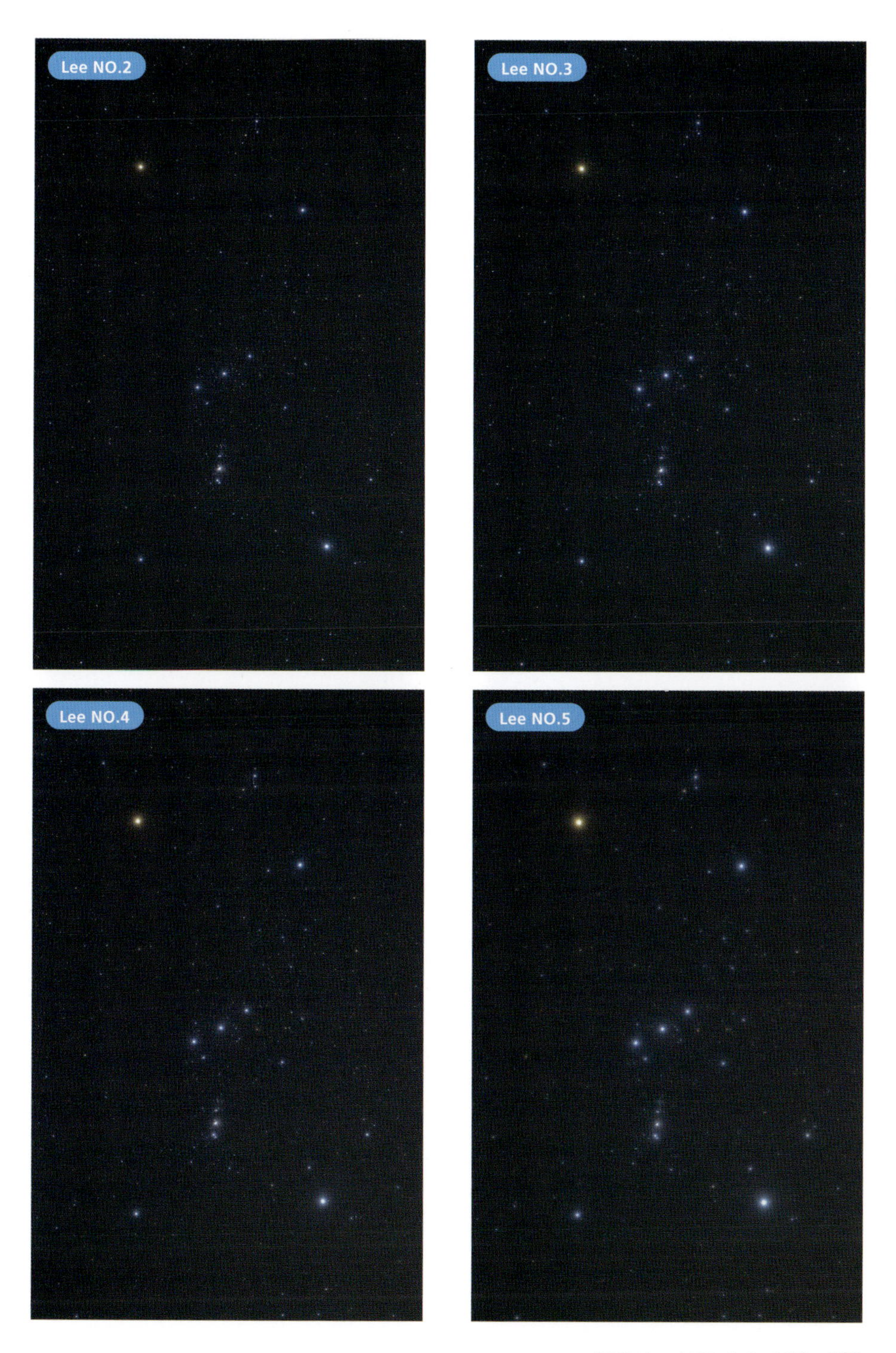

4

光を効果的に使う

天体写真の中でも、地上風景を取り入れた写真では、月の光や手持ちのライトの光を使った演出をすることができます。

天空から降り注ぐ月明かりは、大地を均等に照らすことができるので、画面全体が浮かび上がる幻想的な光景を撮影することができます。月の満ち欠けによって地上を照らす明るさが違ってくるので、絞りや露出の加減をいろいろ試してみましょう。

一方で手持ちライトは、照らしたい人物や建物などをピンポイントで浮かび上がらせることができるので、星空の下での記念撮影に使えます。シャッターを開けてほんの数秒だけライトで対象を照らします。人物を撮るときのポイントは光を当てる時間をできるだけ短くすること。長いとぶれて写る可能性が大きくなります。なお、フラッシュを使用すると画面全体が明るくなり写真の雰囲気がこわれてしまうので注意してください。また、木々や建物などを照らし出しても印象的な写真を撮影することができます。ライトは光源によって照らされる部分や光の広がり方、夜空の発色などが変わります。

月光下の紅葉と秋の星
月の姿は見えませんが、月光によって紅葉の山々が浮かび上がっています。カシオペヤ座や淡い天の川の姿も見えます。
24mm 絞りF2.8 露出13秒 ISO2500

天の川と記念撮影
オーストラリア・チラゴーでの記念撮影。白色LEDを数秒だけ当てて人物を浮かび上がらせています。
14mm 絞りF3.5 露出15秒 ISO6400

アルゴンキンの星空
カナダのオンタリオ州・アルゴンキン州立公園にて。看板の文字に白色LEDを照射しています。奥の明るい光は街灯。
14mm 絞りF2.8 露出25秒 ISO6400

流れ星(流星群)を撮ろう

ソニー α75II
高感度で動画撮影ができるので、流星群の撮影に大活躍。F1.4クラスの広角レンズとの組み合わせで使います。

フィルムカメラで流れ星を撮影するのはたいへんでしたが、デジタルカメラで天体写真が撮影できるようになり、手軽に撮影できるようになりました。その中でも、もっとも変わったのが流れ星の撮影です。

流れ星の撮影では、おもに広角レンズで、絞りF値の明るめのレンズを使用します。星空をより広くカバーできる16mmや21mmレンズなどを使用すると、写り込む流星の数を増やすことができますが、流星そのものが小さくなってしまい、流れ星の迫力感が失われます。焦点距離が、24mm～28mmのレンズが比較的バランスが良いでしょう。

流れ星の撮影は固定撮影やガイド撮影のいずれでも撮影できますが、最近は、十数秒ぐらいの露出でで撮影した画像を比較明合成する手法を使うことが多くなりました。

流れ星は、動きのある天文現象ですから、静止画だけでなく、動画の撮影対象としても魅力的です。肉眼でも見落とすような暗い流星でも、流星をとらえられるようになりましたので、流星の動画撮影が楽しめる時代となりました。

おもな流星群一覧表

流星群名	出現期間	極大	極大時1時間あたりの流星数
しぶんぎ座流星群	12月28日～ 1月12日	1月 4日ごろ	45
4月こと座流星群	4月16日～ 4月25日	4月22日ごろ	10
みずがめ座η流星群	4月19日～ 5月28日	5月 6日ごろ	5
みずがめ座δ南流星群	7月12日～ 8月23日	7月30日ごろ	3
ペルセウス座流星群	7月17日～ 8月24日	8月13日ごろ	40
10月りゅう座流星群	10月 6日～10月10日	10月 8日ごろ	5
おうし座南流星群	9月10日～11月20日	10月10日ごろ	2
オリオン座流星群	10月 2日～11月 7日	10月21日ごろ	5
おうし座北流星群	10月20日～12月10日	11月12日ごろ	2
しし座流星群	11月 6日～11月30日	11月18日ごろ	5
ふたご座流星群	12月 4日～12月17日	12月14日ごろ	45

ふたご座流星群2015
明け方に出現した－4等級の火球をとらえました。明るい星は明けの明星・金星です。
20mm 絞りF1.4 露出1/30秒×60コマを合成（動画切り出しの静止画）を比較明合成　画像：及川聖彦

ペルセウス座流星群2015
明るい流星が多く、撮影しやすい流星群です。月明かりのないタイミングなら最高です。
35mm 絞りF2.8 露出9秒×2コマを比較明合成　画像：及川聖彦

彗星を撮ろう

ハレー彗星を始めとする美しい彗星の写真撮影は、天体写真ファンの間では長年人気があります。図鑑などで目にする美しい姿をした彗星の写真は、広角レンズで撮影されたものが多く、大きくて明るい彗星は、なかなか出現しません。漠然と10年に一度の頻度だろうといわれています。

たいていの彗星は周期彗星に属し、あらかじめ彗星の動きの予報ができます。そこで、彗星の撮影は、いつ、どの方角に、どのぐらい明るさで、どのくらいの尾を引くのかがわかり、撮影プランを立てることができます。

彗星の撮影は、見かけの大きさが小さく暗い場合には、写野が広くF値の明るい天体望遠鏡の直接焦点撮影や望遠蓮レンズでの撮影になります。彗星の見かけの大きさが大きくなるにつれ、撮影するレンズの焦点距離が短くなります。

肉眼でもはっきりわかる彗星になると、カメラの広角レンズを使い地上の風景と一緒に写し込んだ写真を撮影することができます。そしていよいよ超巨大彗星になったとき、魚眼レンズの登場となります。

マックホルツ彗星とM45（プレヤデス星団）
彗星は、特徴的な星雲・星団のそばを通り過ぎていくときにとらえると、印象的な写真となります。
300mm 絞りF2.8 露出120秒　ISO800

赤岳（八ヶ岳）とホームズ彗星
尾が地球とは反対側に伸びていたため、丸い姿となって見えています。明るい星ぼしはペルセウス座です。
58mm 絞りF2.0 露出10秒 ISO800

明け方の富士山とアイソン彗星
画面中央より左寄りに小さく写っています。彗星は明け方もしくは夕方に見られます。 105mm 絞りF2.8 露出03秒 ISO1600

人工天体を撮ろう

夜空に輝く星の間を音もなくすーっと移動する点光源を見ることがあります。飛行機のように点滅がなければ、ほぼ人工天体です。中でも国際宇宙ステーション（ISS）は、JAXAのホームページで、地上から見やすい時間帯や見える方角などを知ることができ、あらかじめ撮影スケジュールを組む際に役立ちます。人工天体は、太陽の光を反射しているので、朝晩に多く見えます。

夜明け空をゆく国際宇宙ステーション（ISS）
人工衛星は太陽の光を反射し、とくに朝方によく見られます。気づかないうちに天体写真に写り込んでいることも多く、ときには厄介者でもあります。 **20mm 絞りF5.6 露出210秒 ISO400**

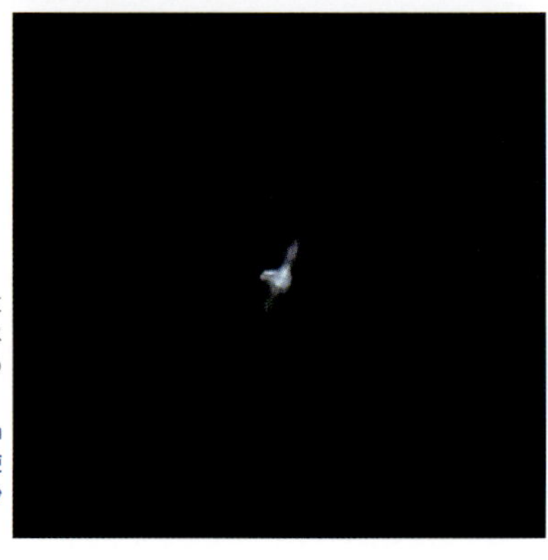

ISS拡大
望遠鏡で撮影したISSを強拡大したものです。JAXAのホームページに目視予想情報があるので、撮影の参考にできます。
口径78mm 焦点距離600mm 屈折望遠鏡 エクステンダー使用 合成F12.8 露出1/1000秒 ISO 6400

二重星や変光星を撮ろう

2つの星がごく接近して並んで見える二重星は、色彩が美しい星が多く楽しいものです。二重星の撮影は、天体望遠鏡を使った拡大撮影が多く、シャープに撮影するために、シーイングの良い日に撮影します。

星の明るさが明るくなったり暗くなったりと、同じ星が周期的に明るさを変える星が変光星です。肉眼でも充分明るく見えるときもあれば、天体望遠鏡を使っても見えづらいくらいまで暗くなるときもあります。変光星は、明るさの変化を撮影してみましょう。カメラレンズでの撮影から、天体望遠鏡を使った拡大撮影まで、いろいろな焦点距離で楽しめます。

アルビレオ（はくちょう座β星）

アルマク（アンドロメダ座γ星）

コルカロリ（りょうけん座α星）

ミザール・アルコル（おおくま座ζ星）

変光星・アルゴルの極大（2017年2月25日）

変光星・アルゴルの極小（2017年3月6日）

焦点距離による月の大きさの違い

月と地球との平均距離はおよそ38万4400km。直径がおよそ3500kmの月の見かけの大きさ（視直径）はおよそ31′です。60′が1°ですから、月は0.5°の大きさで天空に見えていることになります。5円玉を指先で持ち、手を伸ばして月に向けるとちょうど穴の中に月が入るイメージです。

そんな大きさの月をカメラレンズや天体望遠鏡で撮影すると、どのくらいの大きさに写すことができるのでしょうか。1000mmの焦点距離では9mmの大きさに写ります。つまり、月は使用するレンズ焦点距離（mm）のおよそ9/1000のサイズに写るのです。これはあくまで平均距離での大きさです。月が地球にもっとも接近したときの距離（約35万7000km）では同じ1000mmの焦点距離でも約9.7mmの大きさになり、月が地球からもっとも離れたときの距離（約40万6000km）では約8.5mmの大きさに写ります。月の最近と最遠では、写るサイズに14%の差が生じるので、画面いっぱいに月を撮影する場合は、その日の月の視直径を事前に調べておきましょう。『天文年鑑』、『理科年表』、国立天文台のホームページなどで調べることができます。

各焦点距離でとらえられる月の表情はさまざまです。28mmや50mmで存在しかわからなかった月が、100mm以上になると月の海の表情が明瞭になってきます。300mmになるとクレーターの存在もとらえられ、500mmではクレーターや海の表情がはっきりわかり、1000mm以上では月面の凹凸や地形などを鮮明に写せるようになります。

これはすべてフルサイズのイメージセンサーのカメラの場合です。APSサイズのカメラを使う場合は、焦点距離を1.5倍～1.6倍にして撮影の計画を立てましょう。月や惑星の撮影では、同じ焦点距離でも大きな拡大率が得られ、APSサイズやマイクロフォーサーズなどの小型のイメージセンサーを持つカメラも充分活躍の場があります。

焦点距離別（35mm）の画角と月の像の大きさ

焦点距離（mm）	対角線（°）	長辺（°）	短辺（°）	月の像の大きさ
28	75	65	46	0.25
50	46	40	27	0.45
100	24	20	14	0.90
200	12	10	6.9	1.8
300	8.2	6.9	4.6	2.7
500	5.0	4.1	2.7	4.5
1000	2.5	2.1	1.4	9.0
1500	1.5	1.8	1.3	13.5

35mmフルサイズで撮影した月

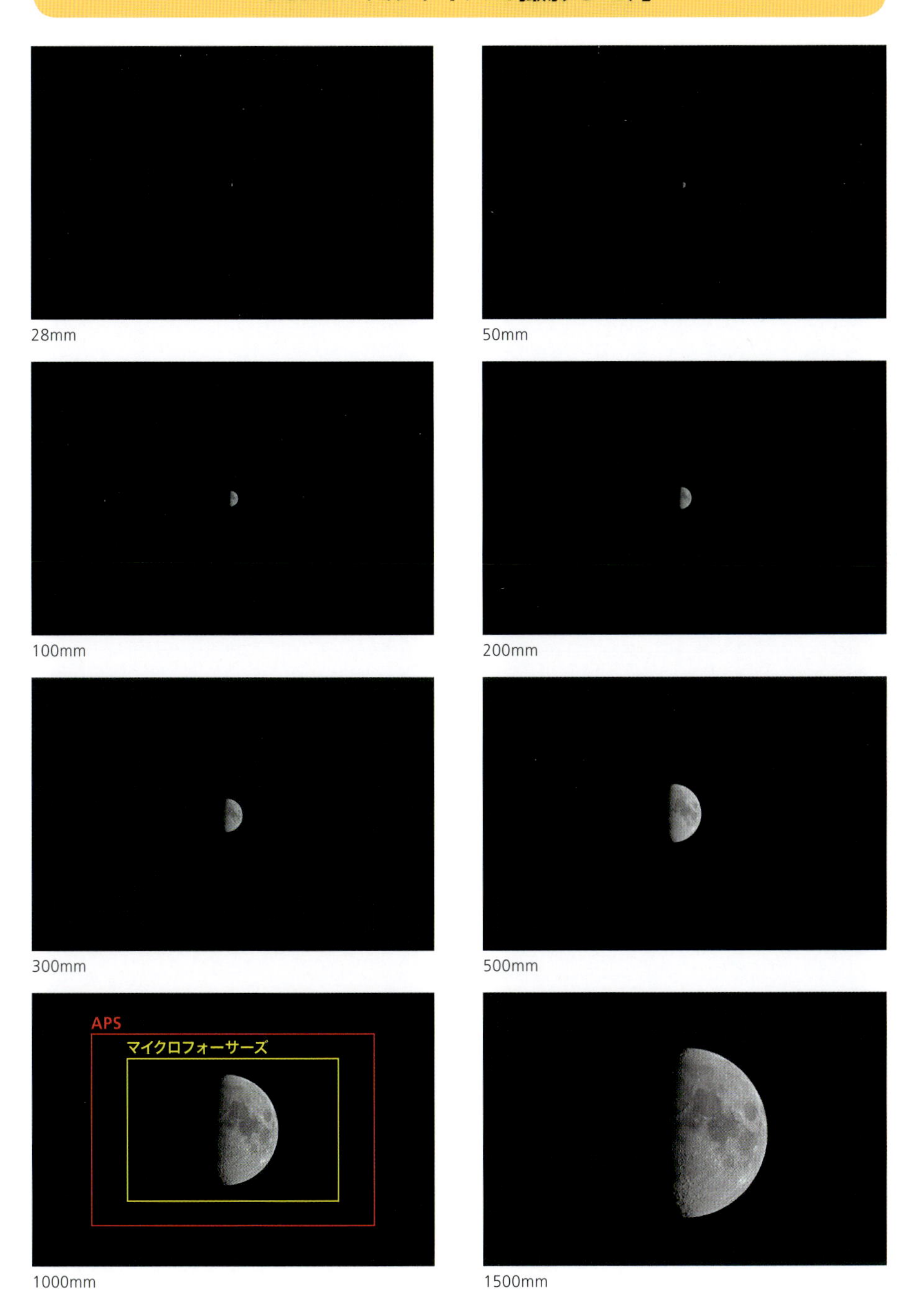

28mm

50mm

100mm

200mm

300mm

500mm

1000mm

1500mm

月の露出

月は地球にもっとも近い天体で、太陽から地球までの距離と、太陽から月までの距離はほぼ同じです。ですから満月の露出が昼間の屋外の景色を撮るための露出とほぼ同じというのもうなずけます。ところが月に対して太陽の光が横から当たるようなとき、つまり半月の状態は満月のときよりも露出が必要で、月に対して斜め後ろから太陽の光が当たるような三日月のときは、さらに露出が必要になります。このため撮りやすさの点では満月の前後の撮影がいちばん楽です。月が明るい上に一晩中見えていて、しかも空の高い位置で撮影できるからです。

月の美しさの点からいくと、半月前後がおすすめです。月の欠け際には大小無数のクレータがはっきり見えるからです。半月前後といっても、上弦の月と下弦の月があります。上弦の月は、日没後空の高い場所にあり、徐々に西の空に沈んでいきます。撮影は日没後の早い時間がよいでしょう。反対に下弦の月は、日の出のころ南の空高く昇るので早起きしての撮影になります。

また、宵の空での二日月や三日月、あるいは新月前の日出直前の27、28日月もきれいですが、撮影をするのはかなりむずかしい対象です。月の位置が太陽に近いために低空せの撮影となり、大気の揺らぎ（シーイング）や透明度の影響を大きく受けるからです。さらに三日月なら月が地平線に沈んでしまったり、28日月ならすぐの空が明るくなってしまったりと、撮影できる時間が限られるからです。

月の撮影では、まず露出一覧表を元に、ISO感度とシャッター速度を決めます。テスト撮影を行ない、露出を調整して本番の撮影に入ります。カメラの液晶モニターは、多少露出に過不足があってもきれいに見えてしまうことがありますので、撮影の際には、念のために1段速いシャッターと遅いシャッター速度で、段階露出をしておくことをおすすめします。

月の標準的な露出　（ISO100の場合）

	F5.6	F8	F11	F16	F32
地球照（二日月）	8	16	32	ー	ー
三日月	1/30	1/15	1/4	1/2	1
5日月	1/60	1/30	1/15	1/4	1/2
半月	1/250	1/125	1/60	1/30	1/15
11日月	1/250	1/125	1/60	1/30	1/15
満月	1/500	1/250	1/125	1/60	1/30

天体の高度による露出補正量

高度	露出倍数
90°	1.0
50°	1.1
30°	1.2
20°	1.3
15°	1.9
10°	2.5
6°	4.0
4°	6.3
2°	17.3

シャッター速度による露出の違い

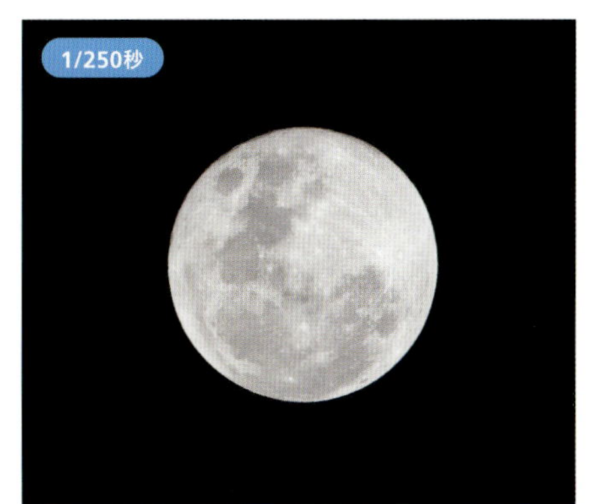

月齢による露出の違い

満月の夜は月明かりだけでも、景色が浮かび上がって見えるほどの明るさです。満月の明るさは、−12.7等と明るく、これは夜空で明るく輝く1等星の30万倍もの明るさです、月は、私たちがふだん目にする天体の中で太陽に次いで明るい天体です。

満月の撮影で、ISO感度100、F8で撮影した場合、シャッター速度は1/250秒〜1/500秒で適正露出となります。これは昼間の地上の晴天時に撮影する露出とほぼ同じ値です。

月は満ち欠け（月齢）によって露出が大きく変わるのに加え、月が地平線からどのくらいの高さ（地平高度）に見えているかでも露出が変わります。地平線近くにある月は、頭上高く輝いているときとくらべて、約2倍近い露出が必要になります。

撮影時には、撮影した画像をモニターで確認しつつ、適正露出になるようシャッター速度を調整します。

また、露出をオートで撮影する場合は、測光方式を部分測光やスポット測光にします。

露出に迷うのであれば、適正露出と思われる前後の露出でも撮影しましょう。

下の写真は三日月を撮影したものですが、同じ三日月でも、露出時間を変えることで、大きく印象が変わります。

下の作例は、適正露出（左）と、露出時間を長くして地球照（右）を撮影したものです。

上弦ごろの月でも、露出時間を長くして撮影すると、輝いていない月の暗い側も写すことができます。

適正露出で撮影した三日月　露出1/8秒

露出時間を長くして撮影した地球照　露出8秒

月齢2.1
口径355mm 焦点距離2485mm F7（レデューサー使用）シュミット・カセグレン 露出1/2秒 ISO400

月齢3.4
口径78mm 焦点距離1260mm F16.2 屈折 露出約1/4秒（筒先開閉）ISO100

月齢5.9
口径78mm 焦点距離1260mm F16.2 屈折 露出1/15秒 ISO100

月齢8.1
口径78mm 焦点距離1260mm F16.2 屈折 露出1/20秒 ISO100

月齢10.9
口径355mm 焦点距離2485mm F7（レデューサー使用）シュミット・カセグレン 露出1/400秒 ISO400

月齢12.2
口径78mm 焦点距離1260mm F16.2 屈折 露出1/20秒 ISO100

月齢15.4
口径355mm 焦点距離2485mm F7（レデューサー使用）シュミット・カセグレン 露出1/800秒 ISO200

月齢19.5
口径200mm 焦点距離2000mm F11 シュミット・カセグレン 直接焦点撮影 露出1/125秒 ISO800

月齢21.5
口径355mm 焦点距離2485mm F7（レデューサー使用）シュミット・カセグレン 露出1/400秒 ISO800

月齢22.8
口径355mm 焦点距離3910mm F11 直接焦点撮影 シュミット・カセグレン 露出1/80秒 ISO800

月齢24.4
口径130mm 焦点距離1500mm F11.5 屈折 露出1/160秒 ISO200

月齢26.0
口径78mm 焦点距離1260mm F16.2 屈折 露出約1/15秒 ISO200

ダイナミックレンジとHDR合成

ダイナミックレンジ（Dynamic Range）とは、1回の露出でデジタルカメラのイメージセンサーがとらえることのできる、もっとも明るい部分と暗い部分（光の明暗）の範囲のことです。赤く焼けた空から地上の風景まで美しく見ることができる夕焼けや朝焼けをきれいに写そうとすると、地上の暗い部分が黒くつぶれてしまったり、逆に地上をはっきり写すと空の明るい部分が白く飛んでしまうことがあります。これはダイナミックレンジが肉眼で1万倍から十万倍程度の明暗差を見分けられる一方、デジタルカメラは千倍から数千倍程度と肉眼よりもはるかに狭いことに起因しています。デジタルカメラのダイナミックレンジの狭さを補おうとする手法がHDR（ハイ・ダイナミックレンジ；High Dynamic Range）、HDRI（ハイ・ダイナミックレンジ・イメージング；High Dynamic Range Imaging）とよばれるもので、露出を段階的に変えて撮影した複数の画像を合成して、1回の露出では不可能だった明暗差をある程度まで克服して表現するものです。欠け際部分の明暗差が大きな「月」をはじめ、「木星の表面模様とガリレオ衛星」など明暗差が大きな被写体でよく用いられます。最近ではHDR機能を持ったデジタルカメラも増えてきました。

HDR処理をした下弦の月

HDR合成をするための画像

154ページのHDR完成画像は、以下の3枚の写真を合成して作成したものです。

露出オーバー・適正な露出・アンダーの画像３種類が、HDR合成される素材になります。

HDR機能を持ったデジタルカメラでは、明暗差の幅や合成するときのスムーズさを設定することができ、1回のシャッターでHDR画像を手軽に作成することができます。

露出オーバー
(シャッタースピード 1/20秒)
月の欠け際の暗い部分までを写します。

適正露出
(シャッタースピード 1/160秒)
月全面を平均的な明るさで撮影します。

露出アンダー
(シャッタースピード 1/1250秒)
露出オーバーなどで白く飛んでしまう、描写しにくい部分を撮影します。

シーイングの良し悪し

大気の気流の乱れによって天体の像が揺らぐ現象（シンチレーション）の程度を表わすことを、シーイングといいます。日本列島の上空には、常に強い偏西風（ジェット気流）が流れていることから、シーイングは良くないといわれています。ジェット気流は、夏は弱まり、冬には強まるので、冬場はとくにシーイングが悪くなります。夏は太平洋高気圧が張り出すため、熱帯夜が続く寝苦しい夜ほど好シーイングが期待できます。

沖縄をはじめとする南西諸島では、ジェット気流の影響を受けにくいので好シーイングに恵まれやすいといわれています。

地形によってもシーイングは敏感に変わります。気流の乱れの影響を受けにくい独立峰の高山や高原、広大な平野の真ん中や洋上の孤島などではシーイングが良く、山腹や山麓、海岸や湖沼などでは気流の乱れにより悪シーイングになる傾向にあります。また、シンチレーションは低空になるほど大きくなります。低空で撮影すると、天頂付近よりも大気の中を長く天体の光が進んでくるからです。低空の月や惑星の撮影がむずかしいのはこのためです。また、撮影する天体の近くを航空機が通過した直後も、ジェットエンジンからの排気の影響を受けるので注意が必要です。瞬間的なシーイングの乱れもあります。

シンチレーションの原因はさまざまなところに潜んでいて、予測するのはとてもむずかしいものです。しかし、経験的に知られているこれらのことを理解しておけば、撮影の判断などに活かすことができます。

シーイングの評価

シーイングは5段階スケールと、より詳細な様子を評価する10段階スケールがあります。5段階スケールは初心者にもわかりやすいので、観測時や撮影時には記録してしておくとよいでしょう。5段階スケールは、最良・良・中・悪・最悪で評価され、最良は5、良は4、中は3、悪は2、最悪は1と表記されます。

シーイングの５段階評価

5	最良	像はくっきりと鮮やかで、ほとんど動かない。
4	良	像は少し揺れるが、模様のほとんどの細部は完全に見える。
3	中	像はときどき乱れるが、落ち着く瞬間は模様の細部が見られる。常に多少の揺れとボケがある。
2	悪	像は常に揺れてボケている。時折落ち着くが細部は見えず、大まかな模様しか判断できない。
1	最悪	像は非常に乱れ、表面の模様はほとんど判断できない。

低空でのシーイング
ロケハンを念入りに行ない撮影に挑んだものの、シーイングが悪く、月の姿がにじんだような写真になってしまいました。

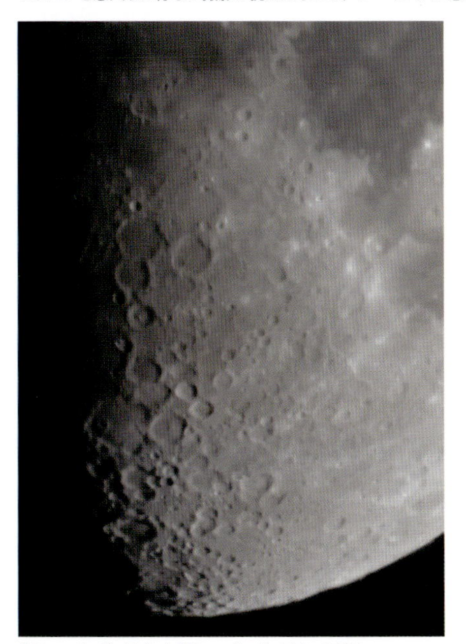

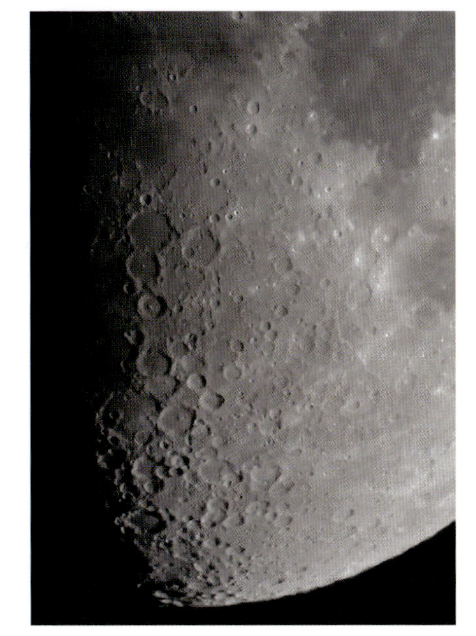

悪シーイング（左）と好シーイング（右）の対比
シーイングが良いときはクレーターもくっきり見えますが、悪いときはピントが合っていないような写真になってしまいます。このような拡大撮影のときはとくに好シーイングの晩を選んで撮影しましょう。

シャッターブレの要因と対策

シャッターブレは、別名「ミラーショック」ともいわれている一眼レフカメラ特有の現象です。シャッターが作動した際に生じる振動が原因で起こります。一眼レフカメラのボディには、レンズから入ってきた光を光学ファインダーに導くためのミラーがシャッターの直前に置かれています。シャッターを切るとミラーが跳ね上がり、光がイメージセンサーに届く仕組みです。このミラーの跳ね上がり、そしてもどるときの振動でシャッターブレが生じるのです。ミラーレス一眼カメラやコンパクトデジタルカメラ、スマートフォンなどのカメラはミラーがないのでシャッターブレは発生しません。

シャッターブレは、月や惑星などを直接焦点撮影や拡大撮影をした際に生じることが多く、拡大率が上がるほどその影響も大きくなります。一般の撮影では1/2秒～1/100秒くらいのシャッタースピードで影響が出やすく、中でも1/60秒前後がもっとも生じやすいといわれています。月の直接焦点撮影では1/60前後のシャッタースピードを使うことが多いので注意が必要です。1/2秒より遅いシャッタースピードや1/100よりも早いシャッタースピードでは

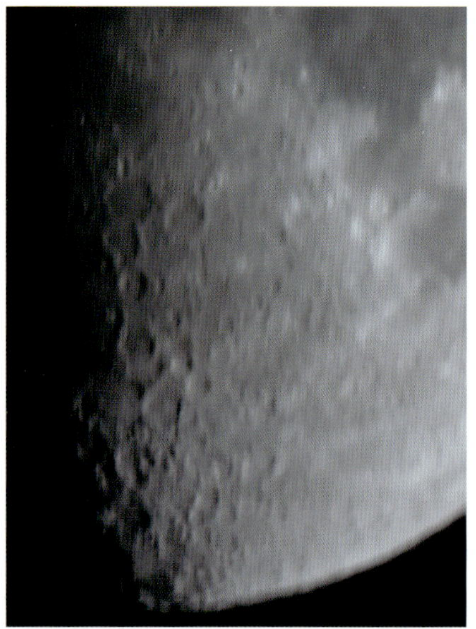

シャッターブレあり（左）となし（右）の対比
左は一眼レフカメラのミラーの振動でブレてしまった写真です。右とくらべると一目瞭然です。このようにブレてしまうようなときは、ミラーアップ機能を使って撮影してみましょう。

ミラーアップしていない状態（左）とミラーアップしている状態
左写真では奥にミラーが見えています。この部分が上に跳ね上がるときの振動でシャッターブレが起こります。なお、ミラーレス一眼カメラにはその名のとおりミラーがないので、シャッターブレも起こりません。

影響が出にくいといわれていますが、焦点距離が数千mmを超えてくるような拡大撮影ではわずかな振動でも大きな影響が出るため油断ができません。

シャッターブレを回避するためには3つの方法があります。一つはミラーアップ機能を使う方法です。ピントを合わせて構図を決めたら、ミラーアップを作動させて、振動が収まる数秒後にシャッターを切ります。シャッター自身のわずかな振動のみが影響するだけなので、シャッターブレはかなり抑えられます。2つ目は自作のシャッター板を使う方法です。シャッタースピードをバルブにセットして、シャッター板で鏡筒をふさいだ状態でシャッターを切り開放にします。ミラーショックがなくなる数秒後に、カメラのシャッター代わりにシャッター板のスリットを上下方向に素早く走らせて露出します。露出が終わったらシャッター板で鏡筒をふさいだ状態を保ったままカメラのシャッターを閉じます。手間がかかりますが、効果は絶大です。なお、一眼レフカメラの上位機種の中には「電子先幕シャッター」を搭載しているものもあり、この機能を使うと無振動撮影が行なえることから積極的に利用したいものです。

シャッター板を用いた撮影
シャッター板を使う撮影は、周りが明るいとバルブでシャッターを開放にしたときにカメラ内に光が入り影響が出てしまうので、できるだけ暗い環境で行なう必要があります。また、目的のシャッタースピードを実現するためにスリットの幅を変化させたり、シャッター板を走らせる早さを変えたり、繰り返し練習したりと手間がかかりますが、シャッターブレに悩んでいる場合はトライしてみる価値はあります。

惑星を撮ろう

金星の満ち欠けや火星の表面、木星の縞模様の変化や土星の環の姿など、惑星は天体写真撮影でもっとも興味深い対象の一つです。屈折望遠鏡、ニュートン式反射望遠鏡、シュミット・カセグレン式望遠鏡、どのタイプでも撮影できますが、それぞれの特長や注意点を知っておくと機材の選定に役立ちます。

屈折望遠鏡は筒内気流がほとんどなく、常に安定した惑星像を得ることができます。色収差がよく補正された高性能なものも市販されていて、60〜80mmくらいの小口径屈折望遠鏡でも充分惑星の姿を写すことができます。もっと大きく解像度を高く写そうとすると、口径の大きな機材が入手しやすい反射望遠鏡の出番です。

ニュートン式反射望遠鏡は色収差が皆無で中心像が非常にシャープなので惑星向けといえます。シュミット・カセグレン式望遠鏡はニュートン式反射望遠鏡ほどのシャープさはないものの、構造上全長がコンパクトで扱いやすいのが特長です。口径200mmの機材でも2000mmの焦点距離を有しており、余裕を持って拡大率を上げられます。両機種ともに鏡筒内を光路が往復することが原因で筒内気流の影響を受けやすいので、撮影前（とくに夏場）は早めに鏡筒や主鏡を外気に充分なじませておきましょう。

惑星の撮影は天体写真の中でもっとも拡大率が高いものです。大気の揺らぎ（シンチレーション）の影響を大きく受けるので、撮影はシーイングの良いときをねらわなければなりません。とはいえ、写真で分解能が高い画像をコンスタントに得ることはむずかしいものです。その場合は、小型のイメージセンサーを搭載したWebカメラを使えば、望遠鏡の拡大率をあまり上げずに充分な大きさの惑星像を得ることができます。

イメージスタッキング法を使って静止画の作成を行なったうえで画像復元などの処理を行なう方法は、現在、惑星写真の主流になっています。

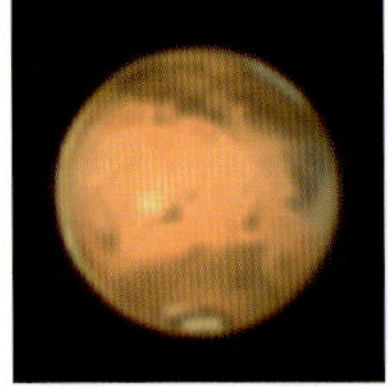

（左）火星、（中2点）木星、（右）土星　データは共通：口径248mm 焦点距離1250mm ニュートン式反射2.8倍バローレンズ（合成Fは火星：F42、木星：F26、土星：F32）赤外線カットフィルター使用 CCDカメラ（木星はカラー C-MOSカメラ）で撮影した動画からスタッキング　撮影：米山誠一

水星と金星

水星、金星とも地球の内側を回る内惑星なので、夕方の西の空、あるいは明け方の東の空に見ることができます。

水星は惑星の中でもっとも太陽に近く、常に太陽のそばにいるため、一年を通して見ごろとなる時期が少なく、うっかりしていると、撮影の好期を逃してしまいます。

金星は、見かけの大きさが大きいので、拡大して撮影すると月と同じように欠けた状態の姿を写すことができます。最大光度のころの金星は、昼間でも青空の中に肉眼で見え、その姿を撮影できます。

金星は見かけの大きさや満ち欠けの変化が大きいので、天体望遠鏡で拡大撮影し、これを同一機材で継続的に撮影すると、金星の変化を追うことができます。

水星 口径248mm 焦点距離1250mm ニュートン式反射 2.8倍バローレンズ（合成F32）アストロノミックPro-Planetフィルター使用（825nmでカット）カラーCCDカメラで撮影した動画からスタッキング 撮影：米山誠一

金星 口径130mm 焦点距離1000mm 8mm接眼レンズで拡大撮影（合成F69） 屈折 露出1/30秒 ISO400 APSサイズ一眼レフカメラで撮影

金星 口径103mm 焦点距離795mm 屈折 2.8倍バローレンズ（合成F22） カラーCCDカメラで撮影した動画からスタッキング 撮影：米山誠一

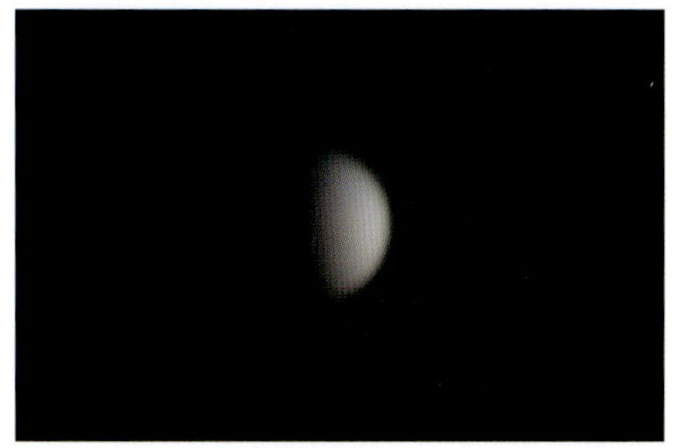

金星 口径248mm 焦点距離1250mm ニュートン式反射 2.8倍バローレンズ（合成F26）赤外線カットフィルター使用 カラーC-MOSカメラで撮影した動画からスタッキング 撮影：米山誠一

金星を撮影するための露出時間の目安

合成F / 感度（ISO）	32	45	64	90	128	180
100	1/60秒	1/30秒	1/15秒	1/8秒	1/4秒	1/2秒
200	1/125秒	1/60秒	1/30秒	1/15秒	1/8秒	1/4秒
400	1/250秒	1/125秒	1/60秒	1/30秒	1/15秒	1/8秒
800	1/500秒	1/250秒	1/125秒	1/60秒	1/30秒	1/15秒

火星

火星は2年2ヵ月ごとに地球に接近して、私たちを楽しませてくれますが、ふだんは視直径が小さい天体なので、口径の小さな焦点距離の短めの天体望遠鏡では、表面の模様がうっすらとわかる程度しか写りません。できれば口径が大きく焦点距離の長い天体望遠鏡が欲しいところです。ただし、接近のころになると、視直径も大きく、明るさも充分明るいので、小口径の天体望遠鏡でも強拡大撮影をすれば、火星の表面を撮影することができます。シーイングの良いタイミングで撮影できると、明瞭な写真を得ることができます。

接近時には、火星の自転による模様の変化や、南極と北極に真っ白な極冠や黄雲の発生などをとらえることができます。

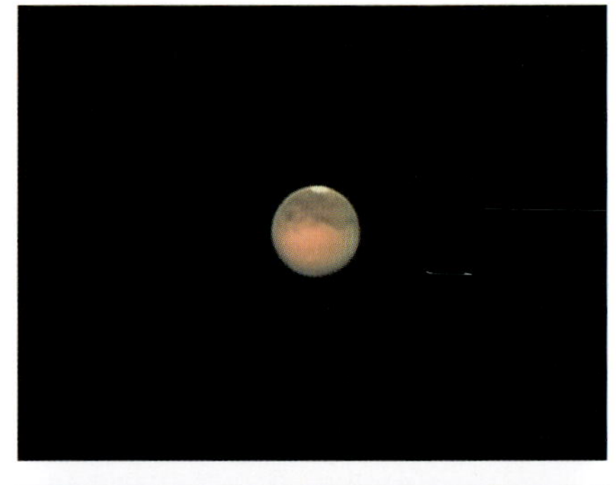

(上下とも) 火星
口径200mm 焦点距離2000mm シュミット・カセグレン 8mm接眼レンズで拡大撮影 (合成F90) デジタルビデオカメラで撮影した動画からスタッキング

火星を撮影するための露出時間の目安

感度(ISO) \ 合成F	32	45	64	90	128	180
100	1/8秒	1/4秒	1/2秒	1秒	2秒	4秒
200	1/15秒	1/8秒	1/4秒	1/2秒	1秒	2秒
400	1/30秒	1/15秒	1/8秒	1/4秒	1/2秒	1秒
800	1/60秒	1/30秒	1/15秒	1/8秒	1/4秒	1/2秒

木星を撮影するための露出時間の目安

感度(ISO) \ 合成F	32	45	64	90	128	180
100	1/ 4秒	1/2秒	1秒	2秒	4秒	8秒
200	1/8秒	1/4秒	1/2秒	1秒	2秒	4秒
400	1/15秒	1/8秒	1/4秒	1/2秒	1秒	2秒
800	1/30秒	1/15秒	1/8秒	1/4秒	1/2秒	1秒

土星の撮影のための露出時間の目安

感度(ISO) \ 合成F	32	45	64	90	128	180
100	1秒	2秒	4秒	8秒	16秒	32秒
200	1/2秒	1秒	2秒	4秒	8秒	16秒
400	1/4秒	1/2秒	1秒	2秒	4秒	8秒
800	1/8秒	1/4秒	1/2秒	1秒	2秒	4秒

木星・土星

太陽系の中でもっとも大きな惑星の木星は、小口径の天体望遠鏡でも表面の模様を撮影できる天体です。自転とともに、大赤斑など、表面模様がどんどん変わっていきます。

環を持つ天体の土星の明るさは意外と暗く、強拡大すると像が暗くなりピント合わせがむずかしくなります。土星の環の傾きの変化のサイクルは30年で、15年に一度、環が見えなくなります。この土星の環の変化を写そうとなると、撮影に30年を要する大作となります。

木星や土星は、公共天文台にある大口径の望遠鏡で、ススマートフォンを接眼レンズの見口に合わせてコリメート撮影を行なうと、比較的容易に撮影できます。

木星　口径250mm　焦点距離3000mm　ドール・カーカム14mm接眼レンズで拡大撮影（合成F73）　APS一眼レフカメラで撮影した動画からスタッキング

土星　350mm　焦点距離3910mm　シュミット・カセグレン14mm接眼レンズで拡大撮影（合成F67）　デジタルビデオカメラで撮影した動画からスタッキング

ガリレオ衛星

木星の明るい4つの衛星、イオ、エウロパ、ガニメデ、カリストは四大衛星といわれていますが、それぞれ6等級の明るさなので、望遠レンズや天体望遠鏡で比較的簡単に撮影できます。衛星の位置は『天文年鑑』などの予報をたよりに、時間を決めて連続で撮影し、衛星の動きがわかるようにするとよいでしょう。

ガリレオ衛星　口径130mm 焦点距離1000mm 屈折 24mm接眼レンズで拡大撮影（合成F18）露出1/3秒 ISO800 APS一眼レフカメラで撮影

木星の四大衛星（ガリレオ衛星）の露出目安　(ISO100)

合成F	5.6	8	11	16	128
木星のガリレオ衛星	2秒	4秒	8秒	16秒	16秒

太陽の撮影

太陽は、日中に撮影することができる天体の一つです。この世でもっとも強烈な光を放つ太陽の撮影は、失明や火傷といった危険とも隣合わせですが、減光フィルターを使って、細心の注意を払って撮影すれば、誰でも撮ることができます。

私たちの目で見ることのできる光である「可視光」で撮影できるのは「光球」とよばれる丸く輝いている領域で、その表面には黒点や白斑、粒状斑といった現象を模様としてとらえることができます。太陽の自転周期はおよそ27日なので、寿命が数日間から2ヵ月くらいといわれている黒点が、光球表面を移動しながら形や大きさが変化していく様子はたいへん興味深いものです。

また、波長が656.3nm（ナノメートル）のHα線のみを通すフィルターを用いて撮影すると、可視光ではまったく見られなかった太陽のダイナミックな表情が見えてきます。

現在ではSOHO（SOLAR AND HELIO SPHERIC OBSERXATORY）やSDO（Solar Dynamics Observatory）などの太陽観測衛星が撮影した、リアルタイムのさまざまな波長の画像をインターネットで簡単に見ることができるようになりました。出現している黒点などの様子を見ながら、事前に机上で撮影プランを立てることもできます。

日没時や日の出時など太陽高度が数度以下の場合は、大気減光の効果や薄雲などの影響によって、フィルターを使用しなくても太陽の姿を撮影することが可能になります。しかし、このとき光学ファインダーは決してのぞいてはいけません。いくら太陽がまぶしくなくても太陽からの有害な光は私たちの目に入ってきます。かならずカメラをライブビューモードにして、液晶モニターを見ながら撮影しましょう。もちろん日中の撮影でも、減光フィルターを使っているとはいえ、直接光学ファインダーをのぞかないようにしましょう。

たとえ減光フィルターを付けていても、絶対に望遠鏡で太陽を見てはいけません。

沈む太陽
フィルターなしで撮影したもの。薄雲越しで減光されていますが、このようなときも決して光学ファインダーをのぞいてはいけません。
420mm 絞りF8 露出1/250秒 ISO100 APSサイズ一眼レフカメラで撮影

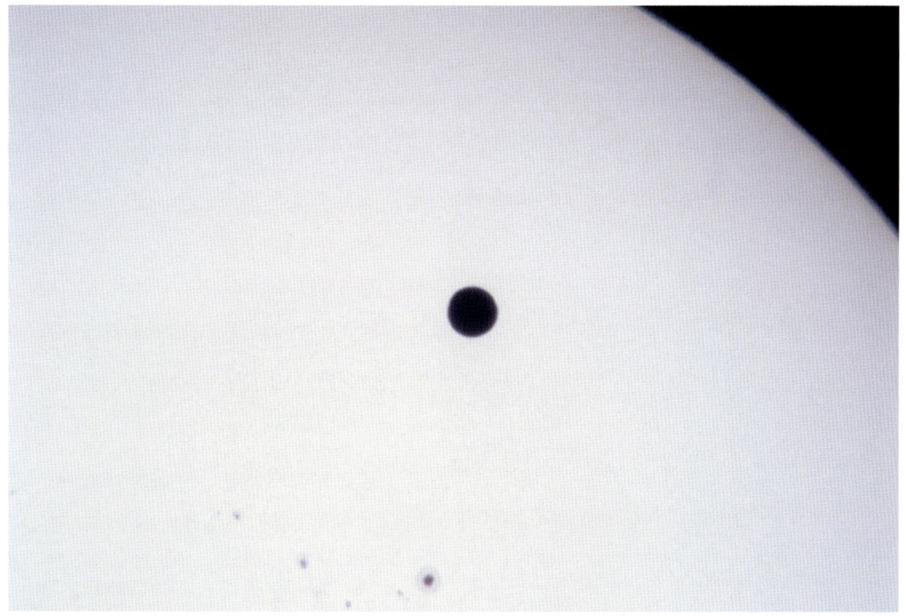

金星の太陽面経過　太陽の前を金星が横切っていく様子が黒い点となって見える天文現象です。下の方には黒点も写っています。
口径200mm 焦点距離2000mm シュミット・カセグレン 14mm接眼レンズで拡大撮影（合成F47）露出1/320秒 ISO100 D4相当シート状フィルター使用

減光フィルター

日中の太陽を撮影するには、満月のおよそ40万倍という強烈な光を弱めるためのフィルター「減光フィルター」の使用が不可欠です。減光フィルターは、「NDフィルター」という、色味を変えずに撮影できるものを使います。NDは「ニュートラル・デンシティー（Neutral Density）」の略称で、直訳すると「中立な濃度のフィルター」という意味になります。可視光を均等に吸収するように設計されており、発色に影響を与えず光量のみを弱めます。

NDの後ろに続く数字は、フィルターに入射する光を何分の1に減らすことができるかを表わしています。ND 8であれば、光を1/8に弱めるフィルターという意味です。太陽の撮影では、光を数千分の1から数万分の1くらいまで弱めると、カメラに設定されているシャッタースピードの範囲で適正な露出を得ることが可能になります。

市販されているNDフィルターはND2～ND64のものが一般的ですが、ND100～ND100000の高濃度タイプのものもあり、中でもND400、ND500、ND1000、ND100000が太陽撮影に利用することができます。とくにND100000フィルターは太陽撮影専用に開発された仕様で、非常に利用価値が高いものです。

ただし、太陽像が暗くなる拡大撮影時にはシャッタースピードが遅くなってしまうため、ND400やND500、ND1000を組み合わせて2枚重ねで使用するのが賢明で

減光フィルターとステップアップリング、ステップダウンリング
自分の撮影機材や撮影目的によって、購入するフィルターやリングを適宜選びましょう。

減光フィルターを使用した太陽撮影の露出時間表

	D4 (露出倍数10,000倍)				ND400+ND8 (露出倍数3,200倍)				D5ソーラーフィルター (露出倍数100,000倍)			
	ISO				ISO				ISO			
	100	200	400	800	100	200	400	800	100	200	400	800
F8	1/8000秒	- 秒	- 秒	- 秒	- 秒	- 秒	- 秒	- 秒	1/800秒	1/1600秒	1/3200秒	1/6400秒
F11	1/4000	1/8000	-	-	-	-	-	-	1/400	1/800	1/1600	1/3200
F16	1/2000	1/4000	1/8000	-	1/6400	-	-	-	1/200	1/400	1/800	1/1600
F22	1/1000	1/2000	1/4000	1/8000	1/3200	1/6400	-	-	1/100	1/200	1/400	1/800
F32	1/500	1/1000	1/2000	1/4000	1/1600	1/3200	1/6400	-	1/50	1/100	1/200	1/400
F45	1/250	1/500	1/1000	1/2000	1/800	1/1600	1/3200	1/6400	1/25	1/50	1/100	1/200
F64	1/125	1/250	1/500	1/1000	1/400	1/800	1/1600	1/3200	1/13	1/25	1/50	1/100

す。

フィルターは重ねて使うことができるので、組み合わせを変えるとさまざまな濃度で使い分けることができます。たとえばND500とND1000を重ねてND20000のフィルターとして使うことができます。また、ND100やND200は単体では使うことはむずかしいですが、重ねて使うと濃度を微妙に調整するのに役立ちます。ND2～ND64も同様です。

なお、フィルターの重ね付けは2枚までにしましょう。フレアやゴーストが発生する可能性が高くなり、ケラレが生じる場合もあります。重ね付けする場合は濃度が高いものを太陽側に装着します。

減光フィルターにはさまざまなサイズがあり、カメラレンズの前面に設けられたフィルターネジに装着するためのフィルター径で表わされます。現在市販されているフィルターの主要なサイズは49mm、52mm、55mm、58mm、62mm、67mm、72mm、77mm、82mmです。フィルターの濃度ごとにサイズのラインナップが限定されており、たとえばND1000ではすべてのサイズがそろっていますが、ND100000フィルターでは52mm、58mm、77mm、82mmといった4タイプから選ぶ必要があります。

もし使いたいフィルターのサイズに自分のレンズのフィルター径がなかった場合は、ステップアップリングを用います。ステップアップリングはサイズの大きなフィルターをサイズの小さなフィルター枠に取り付けるためのリングで、いわばアダプターです。サイズの小さなフィルターをサイズの大きなフィルター枠に取り付けるためのステップダウンリングもあります。ただしケラレが生じたり、レンズの口径を小さくしてしまう結果になるのであまりおすすめできません。

フィルターのタイプではもう一つ、専用のホルダーを介してレンズ前面に装着する、光学ガラスを用いた角型タイプのND100000フィルターもあります。

太陽の直焦点撮影

太陽の撮影では、直接焦点でも拡大撮影でも、減光フィルターは望遠鏡の光学系よりも前、つまり鏡筒の先端に装着するのが鉄則です。望遠鏡の接眼部やカメラアダプターなどの位置に入れることもできますが、焦点に近い場所だと強烈な太陽熱によってフィルターが割れたり、変色したり変質したりする恐れがあります。

太陽を撮影するには口径が70～80mm程度の小型屈折望遠鏡がおすすめです。166ページで紹介した減光用のフィルターと対物レンズの有効径が同じくらいであることから、対物レンズの前にフィルターを装着しやすいこと、屈折望遠鏡は太陽熱による筒内気流の影響が比較的少ないことがおもな理由です。

ただし、反射望遠鏡でも撮影がまったくできないわけではありません。中でもシュミット・カセグレン望遠鏡は、補正板の前に装着する太陽撮影用の大型のシート状フィルターが市販されており、太陽を撮影することが可能です。（165ページの金星の太陽面通過の写真はこのフィルターを使って口径200mmのシュミット・カセグレン式望遠鏡で撮影したものです）。

直接焦点撮影で太陽を撮影する場合、口径70～80mm程度の屈折望遠鏡の焦点距

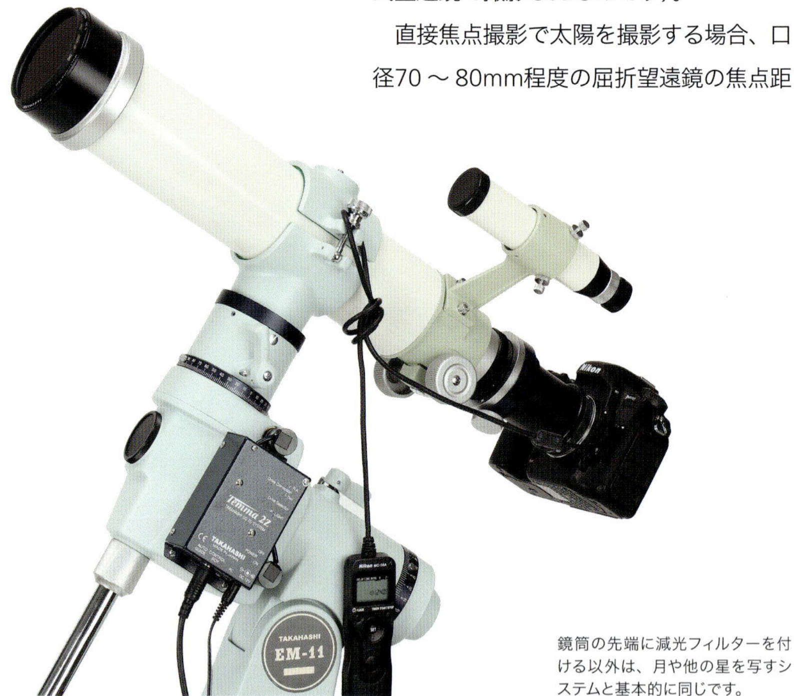

鏡筒の先端に減光フィルターを付ける以外は、月や他の星を写すシステムと基本的に同じです。

直接焦点撮影でとらえた太陽像　残念ながら黒点が極端に少ない時期の太陽像です。
口径78mm（52mmに絞る）焦点距離630mm F11.5 屈折望遠鏡 露出1/800秒 ISO100 APS一眼レフカメラで撮影

離は数百mmくらいです。月の撮影のページでのべたとおり、月は焦点距離1000mmで撮影するとおよそ９mmの大きさで撮影できます。太陽の見かけの大きさは月とほぼ同じなので、数百mmの焦点距離では35mm、フルサイズのカメラでは5mm～6mmほどの太陽像を撮影することができます。ピントをしっかり合わせて、好シーイングのもとで撮影すれば、黒点や白斑といった光球面の様子をはっきりと写すことができます。同じ望遠鏡を使ってもう少し大きく、解像度を高く写したいときにはAPSサイズのカメラを使いましょう。望遠鏡の焦点距離が1.5倍～1.6倍ほど長くなるのと同じ効果があるので、得られる太陽像は7mm～9mmほどになります。作例はAPSサイズの一眼レフカメラで撮影したものです。

167ページに太陽の露出表を掲げます。数百mm程度の焦点距離を有する口径70～80mm程度の屈折望遠鏡のF値は８くらいです。露出倍数100000倍のND100000フィルターを用いて撮影するときはISO感度100では1/800秒、ISO400では1/3200秒が適正露出となります。ただし、望遠鏡や機材によって微妙に変わったり、撮影高度や大気の透明度などの影響で変化することから、あくまでも目安と考え、撮影のたびに試し撮りと確認を行ないましょう。

太陽の直接焦点撮影の手順

焦点距離が500mm～1000mm程度の屈折望遠鏡を用いた直接焦点撮影は、太陽の全体像を写すのに最適です。1000mmの焦点距離で得られる太陽像は9mmほどですが、太陽表面の黒点や白斑などの存在をはっきりと写し取ることができます。以下に、撮影手順を示します。

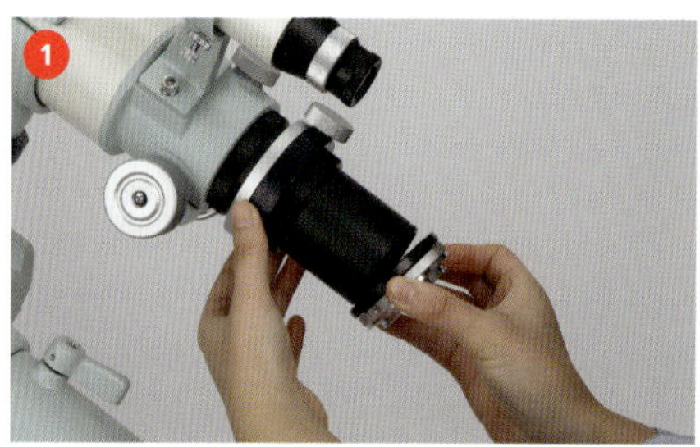

接眼部を取り外し、カメラ回転装置と必要なリングを取り付けたところへ、カメラボディをセットするためのカメラマウント（Tリング）を取り付けます。しっかり止まるまでねじ込みましょう。

カメラボディを取り付けます。カメラマウントに刻まれた赤い丸の指標とカメラの白い指標の位置を合わせるのがコツです。カチッっとロックするまでカメラを回転させます。

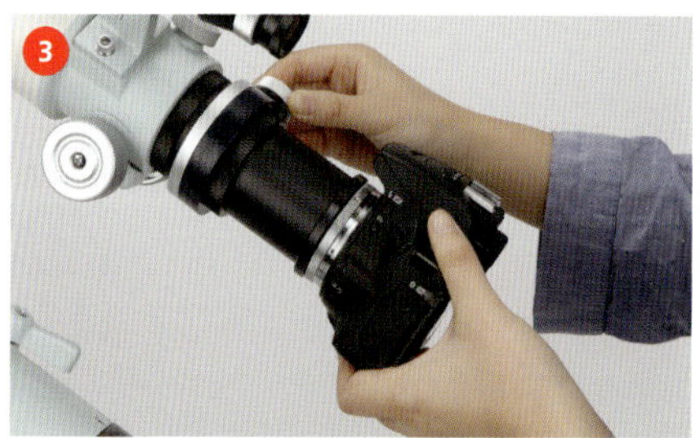

カメラ回転装置のノブを締めてカメラボディを固定します。

次に太陽減光用のフィルターを取り付けます。まず、対物レンズフードを取り外します。

対物レンズセルに設けられた77mm径のネジに、同じサイズの減光フィルター（写真ではND100000）を取り付けます。

ステップダウンリング（77mm→52mm）を用いると、52ミリ径の減光フィルター（写真ではND100000）を取り付けることもできます。ただし口径を52mmに絞っていることになり、写真の解像度がやや落ちることに注意が必要です。

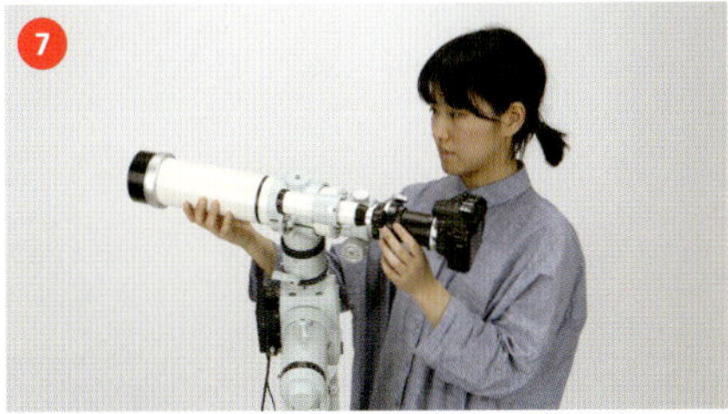

望遠鏡全体のバランスを調整します。まず、赤緯クランプを緩めて鏡筒の前後のバランスを確認し、調整が必要な場合は鏡筒バンドを緩めてバランスの良いポジションに鏡筒をスライドさせ、再び鏡筒バンドを締めて赤緯クランプをロックします。

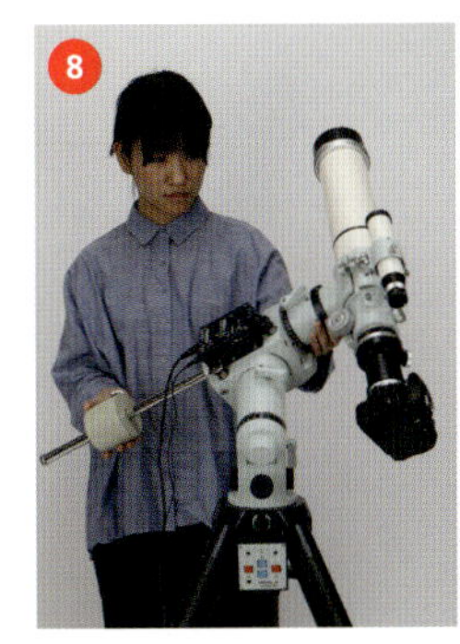

赤経クランプを緩めて極軸周りのバランスを確認します。バランスウエイトの固定ネジを緩めて鏡筒側とバランスが釣り合うように位置を調整します。調整が終わったら、再び赤経クランプをロックします。最後にかならずファインダーの対物側、接眼側にキャップが付いていることを確認します。太陽光が入ることによる事故を防ぐためです。撮影準備はこれで完了です。

カメラの電源を入れてライブビューのスイッチをオンにします。赤経クランプ・赤緯クランプを緩めて望遠鏡を太陽に向け、地面や壁に映る鏡筒の影の形を見ながらライブビュー画面内に太陽を導入し、およそのピントを出します。太陽が入ったらクランプを締めて赤道儀の電源を入れます。

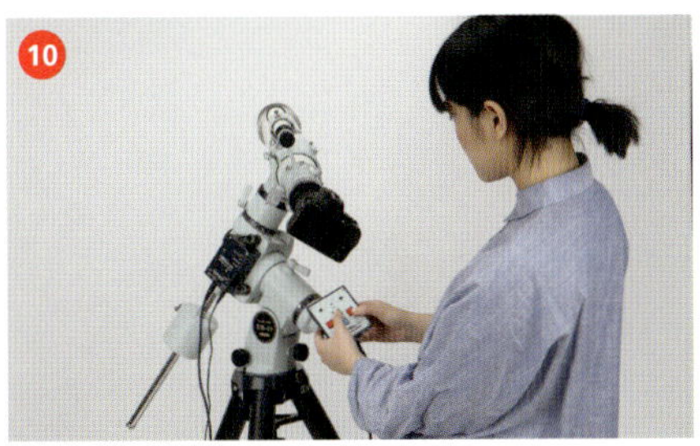

コントローラーの赤緯微動、赤経微動を使って視野の中心まで太陽像を移動させ、ライブビュー画面をピントが合わせられる程度まで拡大します。

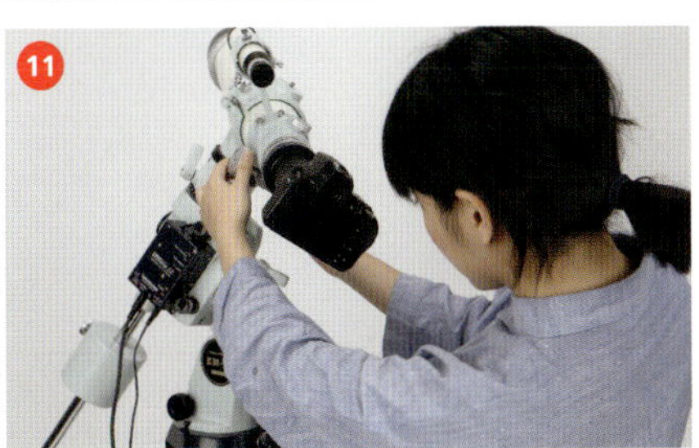

ピント合わせノブを前後に回しながら黒点などを使い、太陽像がもっともはっきりするまでピントを合わせます。ピントが合ったらドロチューブ固定ネジを締めて、ロックします。

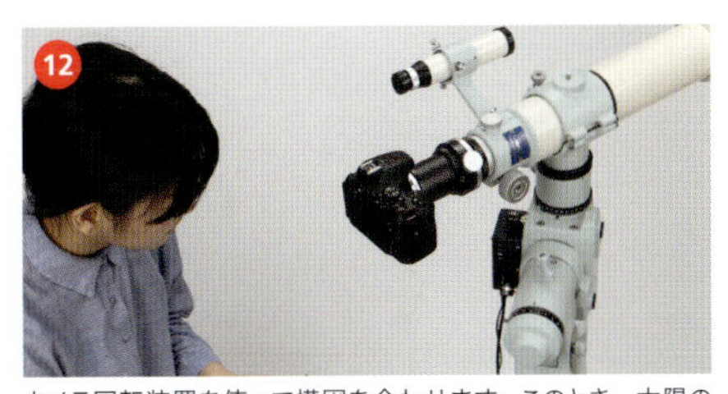

カメラ回転装置を使って構図を合わせます。このとき、太陽の東西・南北方向が画面の縦横方向と合うようにします。赤道儀の赤経追尾を最大に減速するか、電源をオフにして太陽の移動方向を確認します。太陽が移動していく方向が西なので、移動方向と画面の辺が平行になるように合わせるのがコツです。

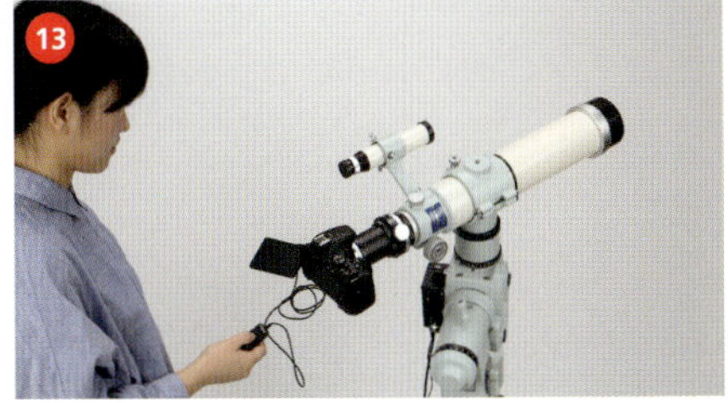

構図合わせが終わったら、カメラにリモートスイッチを取り付けます。リモートスイッチは撮影の直前に取り付けましょう。シャッタースピードやISO感度などの設定を確認し、ライブビューの太陽像のシーイングを観察しながらシャッターを切ります。

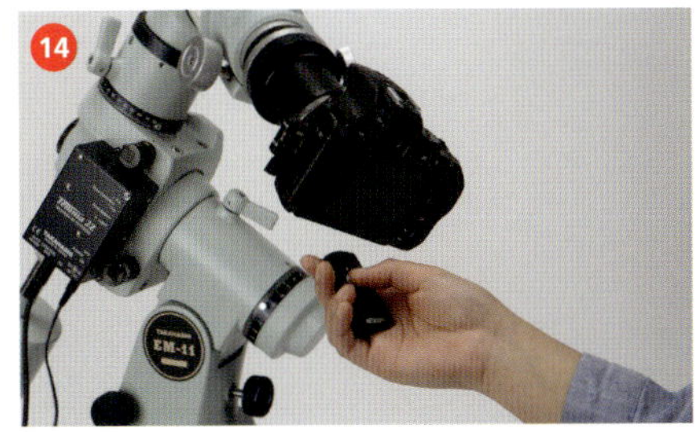

無線式もしくは赤外線式のリモコンを使ってシャッターを切ることもできます。

太陽の拡大撮影

太陽の拡大撮影では拡大投影法を用います。適正露出の目安を事前に把握するための拡大率は以下の式で求められます。

拡大率M＝l/fe－1

lは接眼レンズ（正確には接眼レンズの主点）からイメージセンサーまでの距離（mm）、feは使用する接眼レンズの焦点距離（mm）です。たとえば焦点距離570mm、口径76mmの対物レンズに焦点距離10mmの接眼レンズを用いた撮影で、接眼レンズからイメージセンサーの表面までの距離が約95mmとすると、計算式から拡大率は8.5。つまり、この組み合わせでは対物レンズの焦点距離が8.5倍になり、およそ4800mm（570mm×8.5）まで引き伸ばされることになります。この引き伸ばされた距離を「合成焦点距離」、合成焦点距離を対物レンズの口径で割った数値を「合成F」とよび、この値をもとに太陽や月、惑星のおよその露出時間を決めることができるのです。計算例での合成F値は63（4800÷76）となります。

167ページの露出表で合成F63にもっとも近い合成F64のシャッタースピードを参考にします。露出倍数100000倍のND100000（D5）フィルターを用いて撮

4

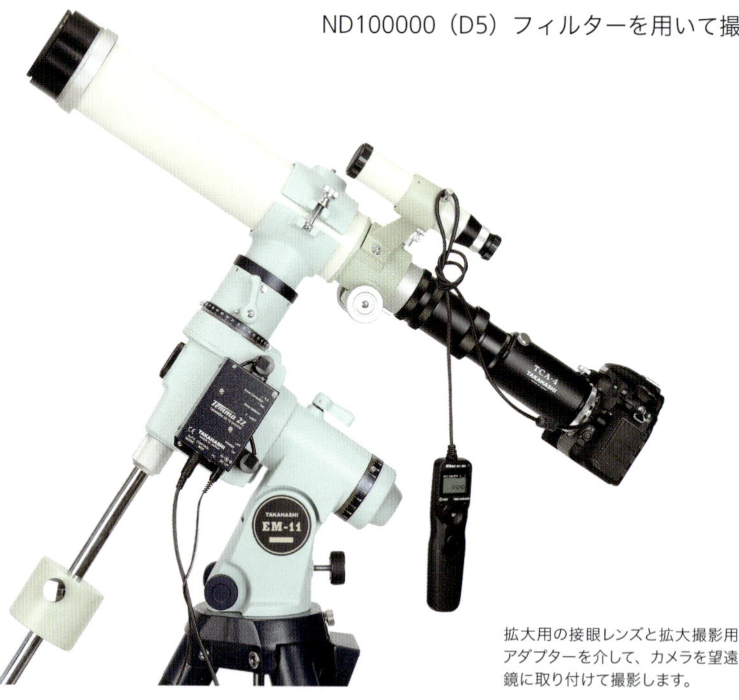

拡大用の接眼レンズと拡大撮影用アダプターを介して、カメラを望遠鏡に取り付けて撮影します。

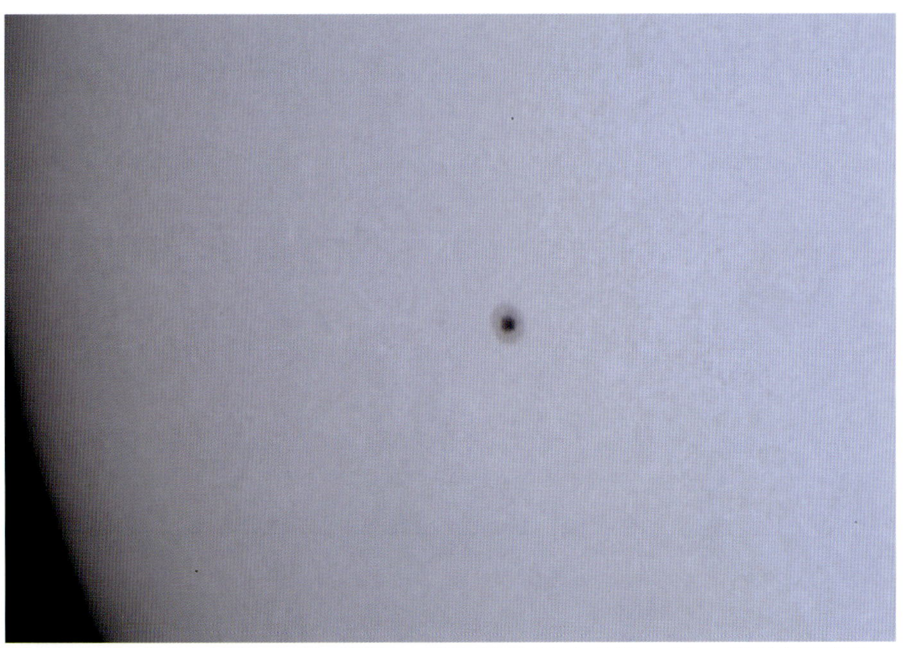

拡大撮影でとらえた黒点 拡大撮影では、黒点の構造もはっきり写すことができます。口径78mm（52mmに絞る）焦点距離630mm F69 屈折 8mm接眼レンズで拡大撮影（合成F104）露出1/160秒 ISO100 D4フィルター使用 APSサイズ一眼レフカメラで撮影

影するときは、ISO感度100では1/13秒が適正露出の目安となりますが、シャッターブレを起こす可能性が高いので、その場合はISOを800にして1/100でシャッターを切るか、もしくはND10000（D4）フィルターに変えてISO100のままで1/125でシャッターを切るか、ND400とND8を重ね付けしてISO100で1/400でシャッターを切るかなどを適宜判断します。

拡大撮影では数千mmという焦点距離で、光球面の一部を拡大して撮影することができます。黒点もその存在だけでなく、暗部と半暗部、そして白斑やシーイングが良いときには寿命が10分程度といわれている「粒状斑」の変化もとらえることができるようになります。

直接焦点撮影でも同様ですが、太陽の撮影時にはファインダーの前後にかならずキャップを付けることを忘れないでください。太陽を撮影していると望遠鏡やカメラ、フィルターなどの機材がどんどん熱を帯びていきます。ピントの位置が変わったり、筒内気流の発生にもつながりますから撮影はできるだけ手短にすませるようにしましょう。長時間におよぶときは、ときどきフィルターの前にカメラレンズ用のキャップをしたり、鏡筒をタオルや日傘で覆うなどして機材を休ませましょう。太陽の撮影は、気温が低めで気流の状態が比較的落ち着いている午前中が適しています。

太陽の拡大撮影の手順

数千mm以上の合成焦点距離による拡大撮影では、太陽の一部もしくは黒点・白斑の微細な構造や太陽面に広がる粒状斑を写すのに最適な撮影法です。直接焦点撮影も同様ですが、太陽の撮影は熱による鏡筒内のゆらぎの影響も考慮して、シーイングが比較的安定している午前中に撮影するのがよいでしょう。

接眼部を取り外し必要なリングを取り付けたところへ、拡大用の接眼レンズを装填するための接眼スリーブを取り付けます。接眼スリーブはワンタッチで拡大撮影用アダプターの装着・脱着ができる仕様になっています。

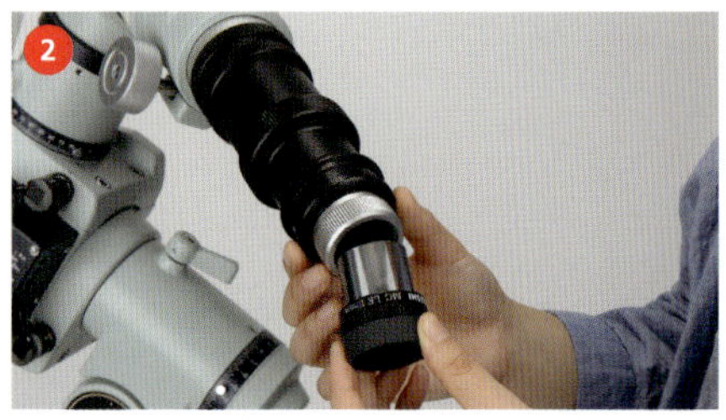

拡大用の接眼レンズを取り付けます。接眼レンズの焦点距離を選ぶことによって拡大率を変えられます。短焦点の接眼レンズほど、また接眼レンズとイメージセンサーの距離を離すほど拡大して撮影することができます。

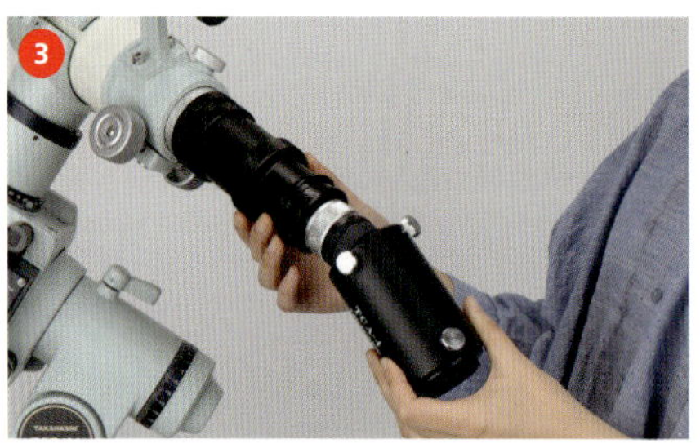

拡大撮影用アダプター本体を取り付けます。アダプターの内部に接眼レンズが収まる設計になっています。

カメラボディをセットするためのカメラマウント（Tリング）を取り付けます。しっかり止まるまでねじ込みましょう。

カメラボディを取り付けます。カメラマウントに刻まれた赤い丸の指標とカメラの白い指標の位置を合わせるのがコツです。カチッっとロックするまでカメラを回転させます。カメラのセットが終わったら、太陽減光用のフィルターを対物レンズの前に取り付けます。やり方と手順は太陽の直接焦点撮影と同じです。

望遠鏡全体のバランスを調整します。まず、赤緯クランプを緩めて鏡筒の前後のバランスを確認します。拡大撮影ではほとんどの場合カメラ側が重くなるので、極力バランスが崩れないように鏡筒をできるだけ前方（対物レンズ側）にスライドさせるのがよいでしょう。調整が終わったら再び鏡筒バンドを締めて赤緯クランプをロックします。

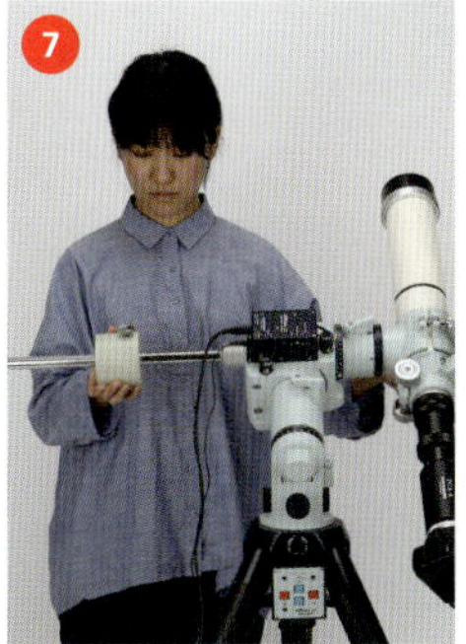

次に赤経クランプを緩めて極軸周りのバランスを確認します。バランスウエイトの固定ネジを緩めて鏡筒側とバランスが釣り合うように位置を調整します。調整が終わったら、再び赤経クランプをロックします。最後に太陽光による不慮の事故を防止するために、ファインダーの対物側、接眼側にキャップが付いていることを確認します。撮影準備はこれで完了です。

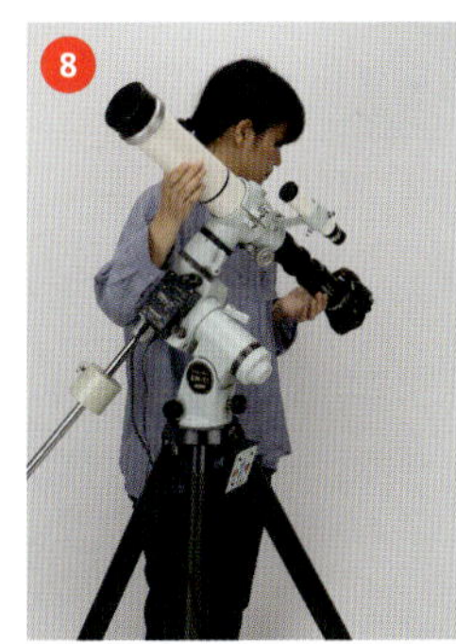

カメラの電源を入れてライブビューのスイッチをオンにします。赤経クランプ・赤緯クランプを緩めて望遠鏡を太陽に向け、地面や壁に映る鏡筒の影の形を見ながらライブビュー画面内に太陽を導入し、およそのピントを出します。太陽が入ったらクランプを締めて赤道儀の電源を入れます。画角が狭い拡大撮影では、自動導入装置が付いている赤道儀が便利です。

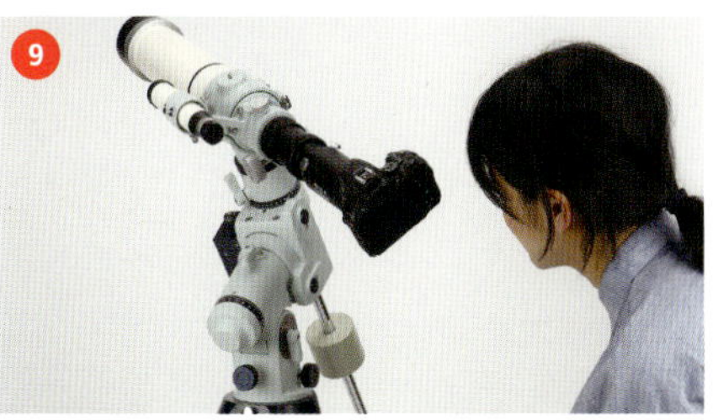

精密なピント合わせを行なうために、コントローラーの赤緯微動、赤経微動を使って黒点や太陽のリム（縁）を視野の中心付近まで移動させます。ライブビュー画面をピントが合わせられる程度まで拡大します。

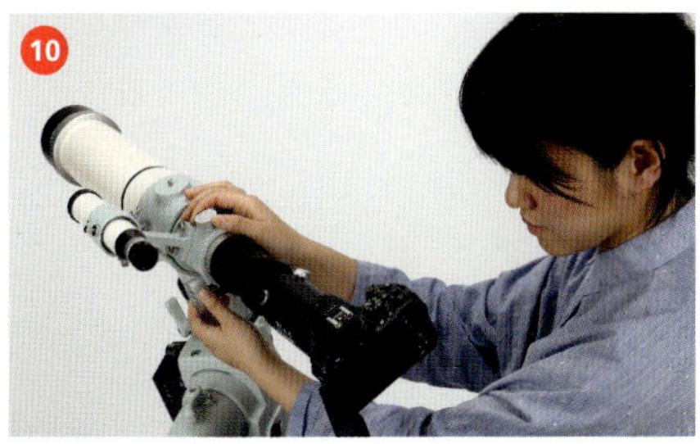

ピント合わせノブを前後に回しながら、黒点やリムがもっともはっきりするまでピントを合わせます。ピントが合ったらドロチューブ固定ネジを締めて、ピントをロックします。

拡大撮影用アダプターのカメラ回転装置を使って構図を合わせます。このとき、太陽の東西・南北方向が画面の縦横方向と合うようにするのは直接焦点撮影の場合と同じです。拡大撮影の場合は黒点を指標にするとよいでしょう。黒点がないときは最北・最南のリムを使います。

構図合わせが終わったら、カメラにリモートスイッチを取り付けます。リモートスイッチは撮影の直前に取り付けましょう。不意に体などが当たって接続端子を破損するなどのトラブルを防ぐためです。

拡大撮影アダプターによっては、この写真のようにスリーブを引き出すことによって拡大用レンズ（接眼レンズ）とイメージセンサーの距離を変化させて、拡大率を変えられるものもあります。ピントを合わせ直す必要がありますが、有効に活用したい機構です。

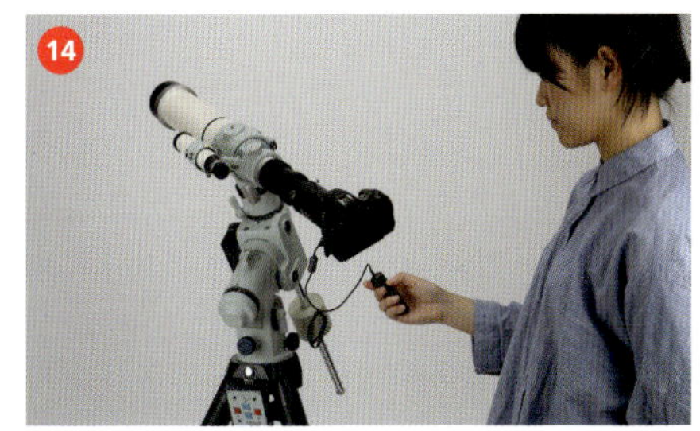

シャッタースピードやISO感度などの設定を確認し、ライブビュー画面の黒点などのシーイングの状態を見きわめながらシャッターを切ります。

太陽のHα撮影

波長656.3nm（ナノメートル）のHα線（水素の輝線スペクトル）だけを通過させるフィルターを組み込んだ太陽専用のHα望遠鏡を使うと、赤い太陽像の表面のさまざまな模様（ダークフィラメントなど）や太陽の縁に現われているプロミネンスなどを観察することができます。

Hα太陽望遠鏡は、現在アメリカの2社で販売されていて、口径が40mmのものから100mmを超えるものまでさまざまなラインアップがあります。基本的な構造は、鏡筒先端にメインのフィルター装置があり、接眼部にもブロッキングフィルターという装置を設けて、最終的にHα光の単色光のみを通過させる仕組みになっています。また、それらのフィルターを一般の屈折望遠鏡に取り付けて使用する、フィルターユニットだけの製品もあります。いずれも高価な機材ですが、Hα線の太陽像は見ていて飽きることがありません。

このような太陽望遠鏡を使って太陽像を撮影する場合は、接眼部のフィルター装置を外すことができないので、カメラレンズをのぞかせて撮影する「コリメート法」で行ないます。しかしながら、眼視ではくっきり観察できる模様や構造もデジタルカメラで撮影しようとすると、シャープさを欠いたわずかにぼんやりしたような写真しか撮ることができず、なかなかやっかいで

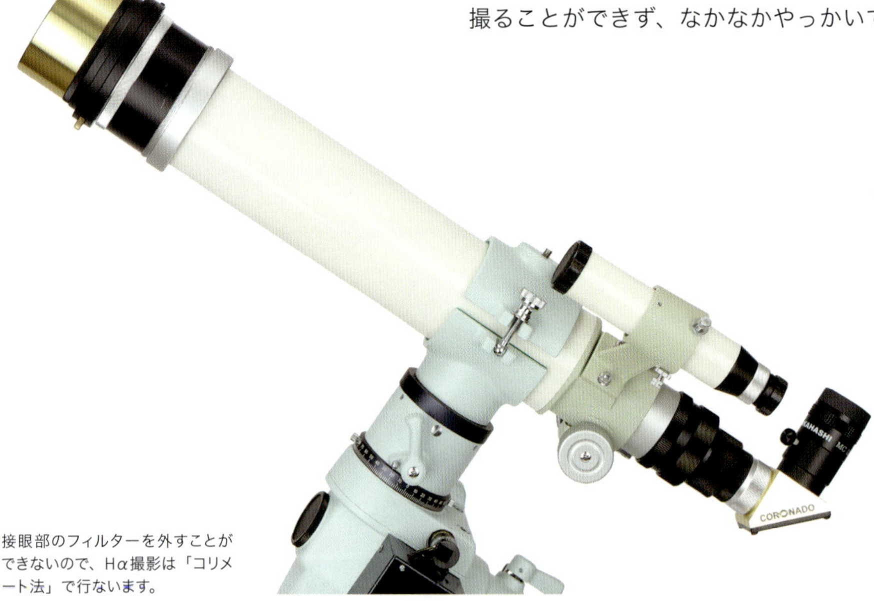

接眼部のフィルターを外すことができないので、Hα撮影は「コリメート法」で行ないます。

す。Hα線の太陽像は可視光の太陽像とは異なり、真っ赤な光の成分しかないためにデジタルカメラのイメージセンサーとの相性がよくないことが理由の一つです。肉眼で見るようには写せないものの、それでも赤い太陽像の縁に伸びるプロミネンスは比較的簡単に撮影することができます。上手に画像処理を施せば、プロミネンスに加えて太陽表面に点在するダークフィラメントをはじめとする現象もとらえることができます。

なお、眼視のイメージに近くシャープに撮るためには、白黒センサーを搭載したWebカメラを使用して撮影した動画をスタックソフトで静止画に変換し、画像処理するのがよいでしょう。

対物レンズの前にメインフィルターを装着します

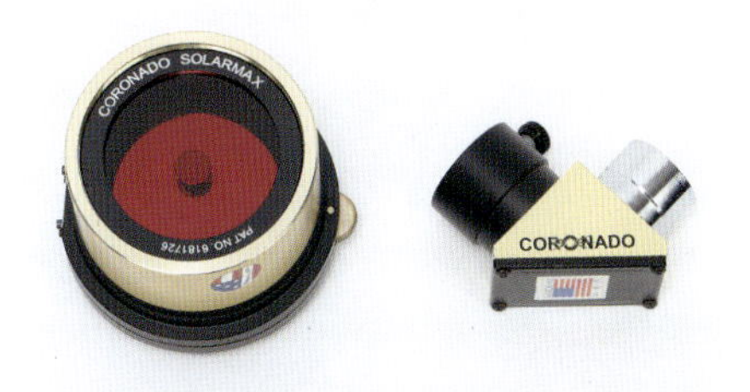

メインのフィルター（左）と、ブロッキングフィルター（右）
かならず2つをセットで使用します。

Hα線で撮影した太陽像。プロミネンスやダークフィラメント、プラージュ、フレアなどの様子をとらえることができます。
D80mm 焦点距離560mm F7 Hα太陽望遠鏡 露出1/100秒 ISO200 コンパクトデジタルカメラでコリメート撮影（13mm F5.6）

日食とは

日食は太陽と地球の間に新月の月が入り込み、月によって太陽が隠される天文現象です。月が太陽を完全に隠す「皆既日食」、太陽を隠した月の縁から全周太陽の光がもれて環のように見える「金環日食」、月が太陽の一部を隠す「部分日食」があります。

月は地球の周りを楕円軌道で回っていることから、つねに地球に近付いたり遠ざかったりしています。太陽と月の見かけの大きさはほとんど同じですが、月が地球に近いとき（月が太陽よりもわずかに大きく見えているとき）には皆既日食になり、月が地球から遠いとき（月が太陽よりもわずかに大きく見えているとき）には金環日食になるのです。

皆既日食はこの世でもっとも神秘的な光景ともいわれる真珠色をした「コロナ」や、ふだん肉眼では見ることのできない太陽の縁から吹き出す真っ赤なプロミネンス、月が太陽を完全に隠す直前と直後に数秒間だけ生じる「ダイヤモンドリング」を見ることができることから、日食の中でももっとも注目される現象です。

日食は毎年世界のどこかで起こっていますが、見られる場所が海上だったり、北極や南極であったり、かならずしも普通に人が住んでいるような行きやすい場所で起こるわけではありません。また、天候に左右されるのでかならずしも見られるとは限りません。

とくに皆既日食や金環日食は見られる場所（「日食帯」といいます）がおおむね数十km～数百kmのごく幅の狭い地域に限られることから、とても貴重な天文現象なのです。毎年多くの人が日食を見るために海外遠征するのはそのためです。もし自分が住んでいる街で一生に1回でも皆既日食や金環日食を見ることができれば、とても幸

部分日食
月が太陽の一部分だけを隠す日食です。比較的起こりやすい日食です。

皆既日食
太陽が月の陰に完全に隠される日食です。ごく限られた地域とタイミングで見られます。

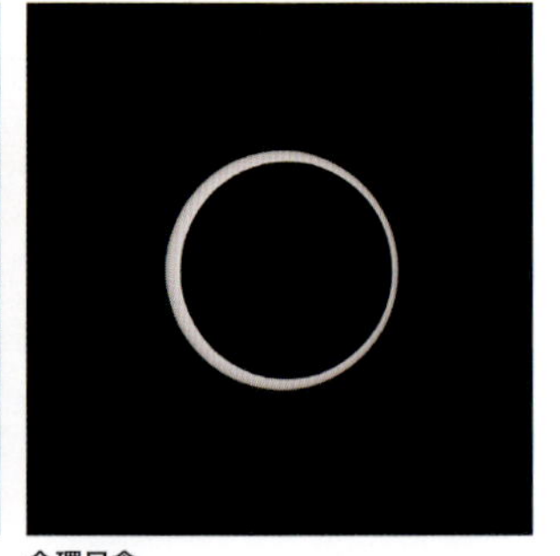

金環日食
月が太陽を隠しきれず、月の周りに太陽がはみ出してリング状となって見える日食です。

運なことです。

部分日食は食分（欠ける割合）はさまざまですが、地球上の比較的広い範囲で見ることができるため、撮影の機会は皆既日食や金環日食よりも多くなります。

皆既日食は第1～第4接触の進行があります。第1接触は月と太陽が一点で接し、太陽が欠け始め部分食が始まる瞬間です。第2接触は月が太陽を完全に隠す瞬間で、皆既食の始まりです。第3接触は太陽が月の陰から現われる瞬間（皆既食の終わり）。第4接触は太陽が月の陰から完全に出る瞬間で部分食の終了を示します。

皆既日食は、全周魚眼レンズから天体望遠鏡を使った拡大撮影まで、いろいろな焦点距離のレンズで撮影が楽しめます。

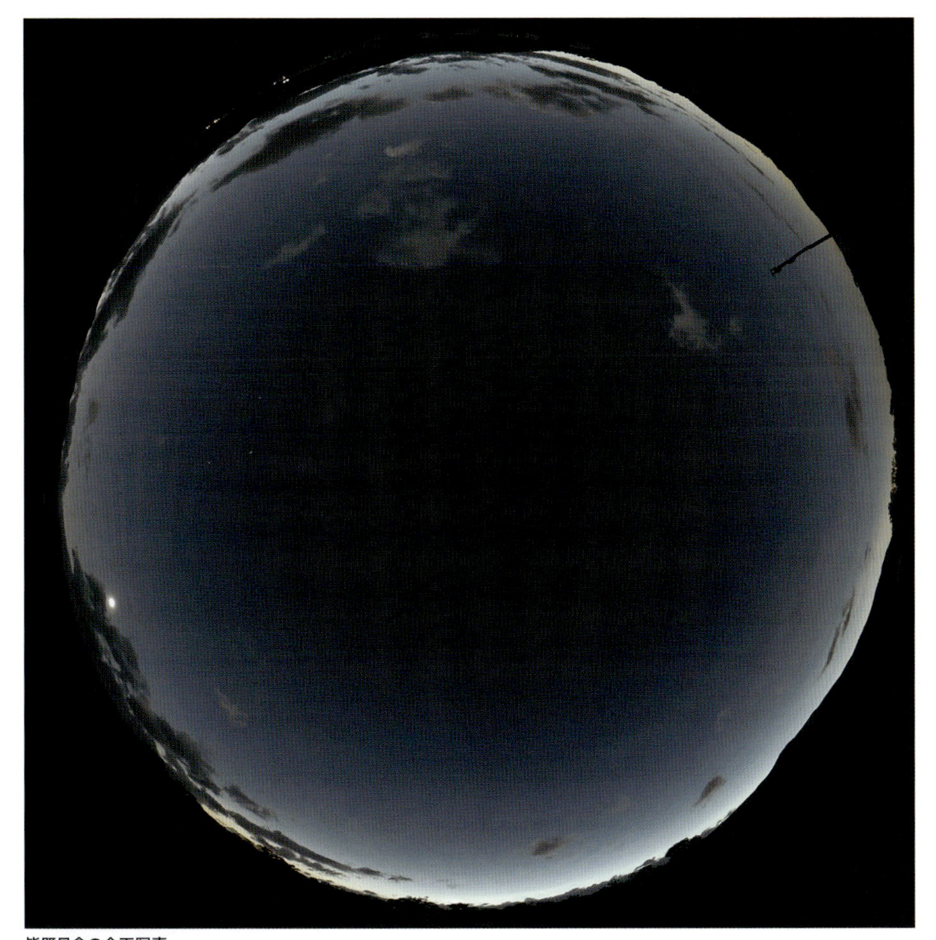

皆既日食の全天写真
皆既日食では第2接触が近付くと急速に暗くなり、皆既時の地平線は日没後や夜明けのような色に染まります。
8mm全周魚眼 絞りF8 露出1秒 ISO200

日食の撮影

日食の撮影は、詳しくは182ページから解説しますが、準備する機材や工夫、発想次第で、いろいろな楽しみ方があります。

気軽にできるものとしては、179ページのような、皆既日食とともに周りの景色や天空を入れた撮影があります。日食や旅の思い出を残すには最適です。周りにいる人の姿も一緒に入れれば、臨場感あふれる1枚を残すこともできます。一定の間隔で撮影した写真を使って、日食が進行する様子を表現する方法もあります。

また、日食そのものを撮るのではなく、周りの風景や現象に注目する撮影もたいへん興味深いものです。日食は欠けていくにしたがって太陽が月に隠されていくので、周りの風景がほんの少しずつ暗くなっていきます。そのような環境下では私たちの眼は瞳をいっぱいに開いて物を見ようとするので、著しく暗くなったようには感じません。しかし、日食が始まる前の明るさを基準に、マニュアルモードで絞りとシャッター速度を変えずに撮影していくと、日食中の明るさの変化を如実にとらえることができます。

ほかにも、太陽が欠けているときもしくは金環食中に樹木の下にできる木漏れ日を見ると、欠けている太陽の形（金環中は環の形）に映っているのがわかります。木漏れ日がない場合は、厚紙に直径2～5mmほど小さな穴（ピンホール）を開けて太陽にかざすと、地面や床に太陽の形が映るので、その様子を撮影する方法もあります。

これらの写真は、いずれも広角系のカメラレンズを使って撮影できるものです。一眼レフカメラやミラーレス一眼カメラはもちろん、コンパクトデジタルカメラでも手軽に撮影することが可能です。

また、最近流行っている360°全周カメ

ピンホールを使った記念写真
欠けた太陽の下で、ピンホールで描いた絵や文字をかざすと、丸い穴が欠けて映ります。

細い三日月状になった木漏れ日
細く欠けたり、リング状になった木漏れ日の様子はたいへん幻想的なものです。

ラなどで、日食と周りの風景や様子を同時に写し込むこともできます。

そして、忘れてはならないのが主人公である太陽に注目した写真です。次第に欠けていく太陽の姿や、金環中の環になった太陽の姿、皆既中のコロナやプロミネンス、ドラマチックなダイヤモンドリングの光景などは誰もが撮影してみたいものでしょう。撮影後に撮影した写真を組写真にまとめてみるのも楽しいものです。これらの写真は、望遠系のカメラレンズを使ったり、天体望遠鏡を使って撮影することができます。また、天体望遠鏡を使って気軽に日食を写すには、太陽投影版に投影した太陽像を、普通にカメラで撮影する方法もあります。

皆既日食の観測地風景
皆既食となるのはわずかな時間です。思った以上に慌ててミスをする場合も多いので、撮影手順は事前に考えて練習しておきましょう。

部分日食撮影の露出の目安（感度設定がISO100の場合）

フィルター	絞り	食分40%	食分60%	食分80%
D4（ND10000）	F8	1/8000秒	1/6000秒	1/4000秒
	F11	1/4000秒	1/2000秒	1/1000秒
	F16	1/2000秒	1/1000秒	1/500秒
D5（ND100000）	F8	1/1000秒	1/500秒	1/250秒
	F11	1/500秒	1/250秒	1/125秒
	F16	1/250秒	1/125秒	1/60秒

日食の広角レンズでの撮影

広角レンズを使った、とくに皆既日食の撮影では、太陽の大きさは小さいものの夕焼けのように染まる地平線付近の様子など、その瞬間の雰囲気が感じられる風景を写し撮ることができます。

183ページ上は、日食が進んでいく様子を1枚の写真の中に一定の間隔でとらえた連続写真です。フィルムでは1枚のコマの中に多重露出（繰り返し露出をすること）で撮影しますが、デジタルカメラでは同じ構図で撮影した複数枚のカットを比較明合成して作成します。

連続撮影では、20mm ～ 28mm程度の広角レンズを使うと、皆既日食や金環日食の全過程を1枚に収めることができます。部分日食の場合はどのくらいの食分まで欠けるかによって継続時間も変わりますが、35mmや50mmレンズでも撮影可能な場合があります。事前に日食の全過程の継続時間を調べて、天文シミュレーションソフトを使い、何mmレンズであれば画角に収まるか、作品の前景となる地上風景の対象の大きさや広さも考慮しながら使用するレンズを決めます。構図は少し余裕を持たせるようにしましょう。太陽は2分半弱で自身の直径ほど動くので、撮影する間隔は5分もしくは10分がおすすめです。他の撮影プランとの兼ね合いも考慮に入れながら決めましょう。

金環日食では撮影時はすべての写真に減光フィルターを使用するので、ベースになる風景写真は太陽が写野内にいない日食前や日食後に雰囲気のよい明るさの写真を撮影しておきます。太陽の通り道に雲がない状態のものを撮影しましょう。

皆既日食の撮影では、皆既の直前にフィルターを外すので、皆既時に撮影したカットをベースに使用することができます。あとは連続撮影の途中で雲が太陽を隠さないことを祈るのみです。

なお、南半球での日食の場合には、太陽は北の空を通って西に向かうことを忘れずに。日本の感覚で１枚目の太陽の位置を間違えてしまうと、あとでたいへんなことになります。

撮影の途中でカメラや雲台が動かないように、しっかりと固定することが成功のカギです。

ミャンマー金環日食連続写真　パゴダ（仏塔）を入れた構図を事前にシミュレーションして撮影しました。　28mm 絞りF16 露出1/6400秒×21コマを比較明合成 ISO200 D4フィルター使用

モアイ像と皆既日食
広角レンズでの日食撮影では、臨場感のある美しい風景を写すことができます。　14mm 絞りF5.6 露出1/3秒 ISO200

日食の望遠レンズでの撮影

望遠レンズによる日食撮影は、カメラと三脚というシンプルな機材で気軽に撮影できるのが魅力です。天体望遠鏡のように太陽を大きく撮影することはできませんが、工夫次第で味のある1枚を残すことができます。85mm～135mmくらいの中望遠レンズは、低空や超低空で起こった日食の様子を、地上風景を入れて撮影することができますし、200mm～300mmくらいの望遠レンズでは、皆既日食であれば天空に輝くコロナの光景をしっかり表現しながら、近くに輝く1等星や惑星といった明るい星たちを入れて撮影することもできます。また、300mmレンズに1.4倍のテレコンバーター（拡大レンズ）を装着すると420mmの望遠レンズとして使うことができます。このくらいの焦点距離になると、天体望遠鏡に迫るような写真を撮影できるようになってきます。APSサイズのカメラではさらに焦点距離が1.5倍～1.6倍ほど長くなる計算になりますから、630mm～670mmで撮影できます。このくらいの焦点距離ではシャッターブレや三脚の揺れなどに注意を払う必要が出てきますが、作例のような1枚を撮影することもできます。

以下のことは日食撮影すべてに共通です。日食の撮影に用いる減光フィルターは166ページの太陽の撮影で使うものと同じで、ND10000（D4）またはND100000（D5）フィルターがおすすめです。食分による適正露出の目安となるシャッタースピードの一覧表は181ページに示しました。食分40％までは欠けていないときと同じ露出で大丈夫ですが、60％、80％と食分が進んでいくと少しずつ暗くなっていくぶん、シャッタースピードを遅くしていく必要があります。天候や大気の透明度でわずかに変わりますから、適正露出前後のシャッタースピードも撮影しておきましょう。

なお、金環日食ではフィルターはずっと付けっ放しで大丈夫ですが、皆既日食では第2接触直前のダイヤモンドリングと皆既中、第3接触直後のダイヤモンドリングでは減光フィルターをかならず外します。外し忘れると肝心な皆既食時の写真が残らないことになりますので注意が必要です。

皆既食となる直前に減光フィルターを外すので、皆既日食撮影では着脱のしやすいフィルターを使用しましょう。

ダイヤモンドリングとコロナ　皆既食の直前と直後に見られるとても神秘的な光景です。　420mm 絞りF5.6 露出1/500秒 ISO200 APSサイズ一眼レフカメラで撮影

日食撮影にあると便利なもの

眼視用の日食グラスは必需品です。日食の進行の様子を撮影しながら容易に確認できます。グラスに傷や破れなどがないかチェックしてから使いましょう。また、方位磁石やマルチレベル（傾斜計）があると、昼間に赤道儀の極軸を合わせる際に天の北極、天の南極の方向と高さを知る目安として役立ちます。皆既中には日没後しばらく経った程度まで暗くなるので、ヘッドライトや手元ライトなどがあると諸々の作業がスムーズに行なえます。温度計があれば気温の変化を見ることもできます。

ボイスレコーダーも音声で記録ができるので重宝します。ビデオやカメラを撮影地や自分に向けて設置しておくのもよいでしょう。また、日陰のない場所で長時間の撮影になる場合は、熱中症にならないよう、帽子やタオルといった日よけを用意し、こまめに水分をとるなどの対策をしましょう。

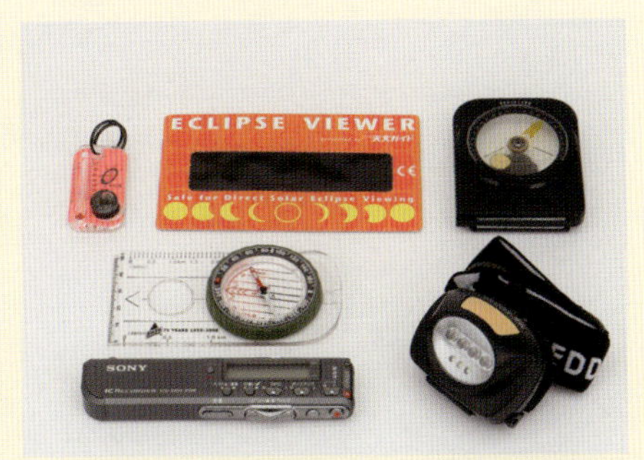

撮影のイメージをしながら、必要なものを考えてみましょう。また念のため、雨除けの対策もしておきたいものです。機材にかけられるビニールやカッパなどがあるとよいでしょう。

日食の望遠鏡での撮影

天体望遠鏡を使った日食の撮影は、太陽の直接焦点撮影、拡大撮影の応用です。大きな違いは、太陽が欠けていくので適正露出が徐々に変化していくこと、皆既日食ではダイヤモンドリング時とコロナが見える皆既中はかならず減光フィルターを外すことがあげられます。

フィルターはかならず対物レンズの前に装着します。理由は太陽の直接焦点撮影（168ページ）で解説したほかに、フィルターを光学系の中に装着すると、皆既になった際にフィルターを取るとピント位置が変わってしまうためです。

望遠鏡ではカメラレンズでは充分に撮影できなかった世界が描写されてきます。皆既中に太陽の周りに広がるコロナには内部コロナと外部コロナがあります。かなり明るさが違うことから内部コロナに露出を合わせると外部コロナが写らず、外部コロナに露出を合わせると内部コロナが露出オーバーになってしまいます。露出時間を段階的に変えて撮影しておき、あとから画像処理で内部コロナから外部コロナまでを描出することもできます。外部コロナは撮影条件によっては数秒の露出が必要になることもあるので、架台は赤道儀を使用しましょう。またダイヤモンドリングの継続時間はほんの10秒ほどなので、段階露出にこだわらず露出を一定にして光の変化を連続的にとらえた方がよいでしょう。

このときは潮風がひどく、望遠鏡やカメラにビニール袋をかけるなどして対応しました。日食遠征となると初めての土地となることがほとんどですが、臨機応変に対応しましょう。

皆既日食の進行の様子

細くなった部分食　口径65mm（52mmに絞る）焦点距離500mm F9.6 屈折 露出1/250秒 ISO160 APSサイズ一眼レフカメラで撮影　D4フィルター使用

ダイヤモンドリング（第2接触前）
口径65mm 焦点距離500mm 屈折 F7.7 露出1/500秒 ISO160 APSサイズ一眼レフカメラで撮影

皆既食
口径65mm 焦点距離500mm 屈折 F7.7 露出1/8秒 ISO160 APSサイズ一眼レフカメラで撮影

ダイヤモンドリング（第3接触後）
口径65mm 焦点距離500mm 屈折 F7.7 露出1/500秒 ISO160 APSサイズ一眼レフカメラで撮影

皆既日食の拡大撮影の露出の目安（カメラの設定感度がISO100の場合）

絞り	ダイヤモンドリング	プロミネンス	内部コロナ	外部コロナ
F8	1/250 ～ 1/500秒	1/500 ～ 1/1000秒	1/60 ～ 1/250秒	1 ～ 2秒
F11	1/125 ～ 1/250秒	1/250 ～ 1/500秒	1/30 ～ 1/125秒	2 ～ 4秒

望遠鏡による皆既日食
口径65mm 焦点距離500mm F7.7 屈折 露出1/250秒～ 1/4秒の7コマをコンポジット ISO160 APSサイズ一眼レフカメラで撮影

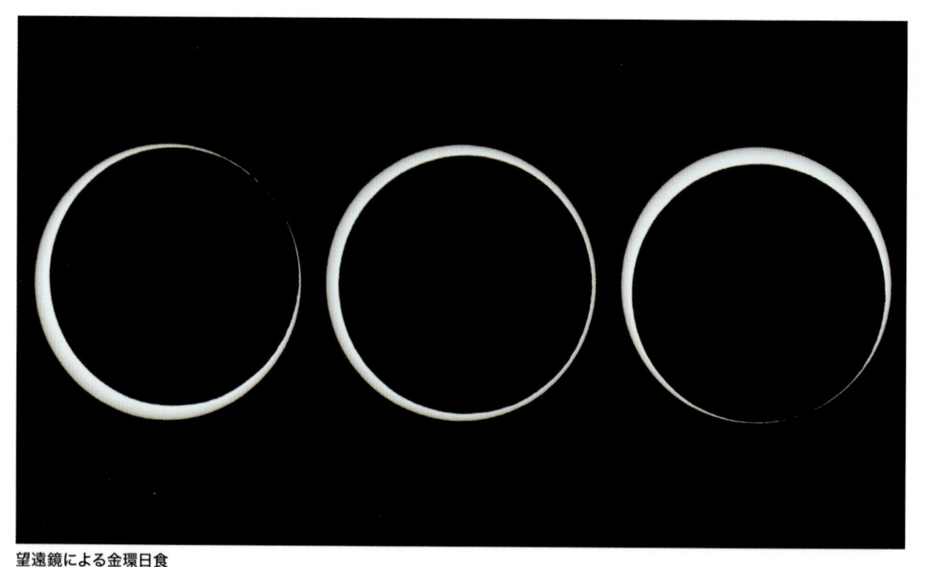

望遠鏡による金環日食
（3点すべて共通）口径78mm（52mmに絞る）焦点距離630mm F24 屈折（合成F24）露出1/400秒 ISO100 D4フィルター使用

これから起こる日食（2030年まで）

日程	日食の種類	見える地域
2017年08月22日	皆既日食	北太平洋、アメリカ、北大西洋など
2018年02月16日	部分日食	南米南部、南極など
2018年07月13日	部分日食	オーストラリア南部、南極など
2018年08月11日	部分日食	ヨーロッパ北部、アジア北部など
2019年01月06日	部分日食	日本、アジア東部、北太平洋など
2019年07月03日	皆既日食	南太平洋、南米など
2019年12月26日	金環日食	アラビア半島、インド、東南アジアほか
2020年06月21日	金環日食	アフリカ、アジア、太平洋など
2020年12月15日	皆既日食	南太平洋、南米、南大西洋など
2021年06月10日	金環日食	北極付近
2021年12月04日	皆既日食	南極付近
2022年05月01日	部分日食	南太平洋、南米など
2022年10月25日	部分日食	ヨーロッパ、アフリカ北部、中東、インドなど
2023年04月20日	金環皆既日食	南インド洋、東南アジアなど
2023年10月15日	金環日食	北米、南米など
2024年04月09日	皆既日食	北米、太平洋など
2024年10月03日	金環日食	南米南部、南太平洋など
2025年03月29日	部分日食	北大西洋、ヨーロッパ北部など
2025年09月22日	部分日食	南極、ニュージーランドなど
2026年02月17日	金環日食	南極
2026年08月13日	皆既日食	北極付近、ヨーロッパ西部など
2027年02月07日	金環日食	南太平洋、南米、南大西洋など
2027年08月02日	皆既日食	アフリカ北部、インド洋など
2028年01月27日	金環日食	南米北部、大西洋など
2028年07月22日	皆既日食	インド洋、オーストラリア、ニュージーランドなど
2029年01月15日	部分日食	北米など
2029年06月12日	部分日食	北極付近、ヨーロッパ北部など
2029年07月12日	部分日食	南米南部
2029年12月06日	部分日食	南極
2030年06月01日	金環日食	日本、ユーラシア大陸北部など
2030年11月25日	皆既日食	アフリカ南部、南インド洋、オーストラリアなど

※2035年には日本で皆既日食が起こります。

月食を撮ろう

皆既月食は満月のときに起こります。月食は、太陽と地球と月が一直線上に並んだときに起こりますが、このとき、地球の影が満月に部分的にかかると部分月食、地球の影がすっぽり月を覆うと皆既月食になります。

地球の影は丸く、本影とよばれる濃い影の周りを、半影とよばれる薄い影が囲んでいます。皆既月食と部分月食は、この本影が月にかかったときに起こります。半影の部分が月にかかると、月全体がうっすらくすんで見える半影月食が起こります。

月食は日食とともに、天文現象としては動きがあることと、月の色がダイナミックに変化したり、皆既中の月の色が月食によって異なることから、見るだけでなく撮影してもおもしろい天文現象です。また、皆既月食中の月の明るさを示す指標として使われているものに、ダンジョンスケールがあります。下の表を参考に、どのスケールにあたるか判断してみてください。

部分月食　地球の本影が一部分だけかかり、月が欠けて見えます。欠け方や欠け具合はそのときごとに違います。 247mm 紋りF6.5 露出1/250秒 ISO100 コンパクトデジタルカメラで撮影

半影月食　本影の周りにある薄い半影がかかり、一部が薄暗くなって見えます。肉眼ではややわかりづらいかもしれません。 口径100mm F5.3 屈折 露出1/125秒 ISO100 APSサイズ一眼レフカメラで撮影

表　ダンジョン スケール

スケールL	0	非常に暗くほとんど見えない。とくに皆既食の中心ではほとんど見えない。
	1	暗い月食で、灰色か褐色がかり、細かい部分は見分けにくい。
	2	月食は赤く暗いか、明るい茶褐色をおびている。しばしば影の中心に斑点をともなうこともあり、外端は明るい。
	3	レンガ色に明るい月食。影は充分に明るい灰色か、または黄色で月の周りが縁どられる。
	4	銅色またはオレンジ色に赤っぽく、非常に明るい。食の外端はたいへん明るく青味がかっている。

皆既月食　地球の影がすっぽりと月を覆うと、月は赤銅色に変わります。広角レンズを使えば周りの風景も一緒に残せます。
25mm 絞りF2.8 露出4秒 ISO800

カメラレンズでの月食撮影

カメラレンズで月食を撮影する場合、カメラ三脚に固定して風景と一緒に写し込む固定撮影、あるいはポータブル赤道儀に載せて、星空と一緒に撮影するガイド撮影があります。

星空と月を一緒に撮影する場合には、赤道儀が必要となります。この場合は拡大率が低いため、月追尾のモードを使う必要がなく、通常の星追尾のモードで撮影します。星空と同様に撮影しますが、露出時間は液晶モニターを確認しながら調整しましょう。星空にぽっかりと浮かぶ、皆既月食中の赤銅色の月を撮ることができます。

固定撮影では、月がブレないようにしっかりした三脚にカメラをセットし、絞りを開放近くまで空け、ISO感度を上げて月がブレないようにします。月食の進行にともない時間を追って月食を撮影すると、月食の進行の様子がわかり、興味深い写真となります。また、まん丸の月が徐々に欠けていき、皆既食となり月が赤銅色となった後、再び月が満ちていく様子をとらえた月食の進行の様子などの撮影ができます。

月食撮影では、食分によって露出時間が変わるので、あらかじめ月食の進行に合わせた露出表を作成しておくとよいでしょう。

実際の撮影では、シャッタースピードを3段階ほどの段階露出で撮影を行ないますが、月食時の月面の明るさは月食ごとに異なるので、露出時間もその都度変わっていきます。

部分月食の連続写真
同じ構図で撮影した複数枚の画像を比較明合成して作成します。構図は事前にシミュレーションしておきましょう。
72mm 絞りF6.3 露出1/250～1/125秒 ISO400 撮影：渡辺和郎

月食の適正露出表（ISO100、F8.0）

月の状態	100	400	800
満月	1/500秒	1/125秒～ 1/250秒	1/125秒～ 1/250秒
半影食	1/250秒～ 1/500秒	1/125秒～ 1/250秒	1/60秒～ 1/125秒
欠け始め，終わり	1/125秒～ 1/250秒	1/60秒～ 1/125秒	1/30秒～ 1/60秒
食分20%	1/125秒～ 1/250秒	1/30秒～ 1/60秒	1/8秒～ 1/15秒
食分40%	1/60秒～ 1/125秒	1/8秒～ 1/15秒	2秒～ 4秒
食分60%	1/30秒～ 1/60秒	2秒～ 4秒	10秒～ 20秒
食分80%	1/8秒～ 1/15秒	10秒～ 20秒	20秒～ 30秒
皆既の始め，終わり	2秒～ 4秒	20秒～ 30秒	30秒～ 1分
皆既中	10秒～ 20秒	30秒～ 1分	数十秒

天体望遠鏡での月食撮影

天体望遠鏡や望遠レンズによる月食の撮影では、皆既中の月の迫力ある姿を残すことができます。この赤銅色の月を画面いっぱいのイメージで撮りたいときは、35mm判フルサイズで少なくとも1200mm以上の焦点距離が欲しくなります。

最近の小型の屈折望遠鏡はF値が明るく、焦点距離が数百mmくらいのものが多いので、焦点距離を伸ばしたい場合には高品質のバローレンズやエクステンダーなどのコンバージョンレンズを使って焦点距離を1.5倍～2倍に伸ばすとよいでしょう。あるいはイメージセンサーのサイズが小型のAPS一眼レフカメラや、ミラーレス一眼カメラを使うと、35mm換算で焦点距離を伸ばした撮影ができます。

シュミット・カセグレン式望遠鏡は口径150mmでも焦点距離が1500mm、口径200mmだと2000mmの焦点距離を有するので、より迫力のある写真を撮影することができます。口径が200mmより大きなシュミット・カセグレン式望遠鏡では、焦点距離を0.6～0.7倍に短くできるレデューサーを活用するとよいでしょう。

皆既月食
望遠鏡で写すと、皆既となった月の色や月面の様子もはっきりわかる、迫力のある皆既月食の写真となります。
口径130mm 焦点距離1000mm F7.7 屈折 露出10秒 ISO640 APSサイズ一眼レフカメラで撮影

皆既中の月とその背景の星ぼしを一緒に撮影したいときは、焦点距離が300mm～800mmくらいの天体望遠鏡か望遠レンズが適しています。さらに星空の中に赤い月が幻想的に浮かんでいる様子を写したいときには85mm～135mmの中望遠レンズや200mmくらいの望遠レンズがよいでしょう。自分が撮影したイメージをもとに、焦点距離を使い分けることが大切です。

皆既中の月の明るさは月食ごとにそれぞれ異なりますが、撮影では意外と暗いもので、ときには10秒以上の露出を必要とするのです。皆既中は赤道儀を使った撮影をおすすめします。天球上を動く月の速度は恒星（恒星時）と異なることから、極軸をしっかり合わせても10秒ほどの露出でわずかにぶれて写ってしまいます。赤道儀によっては月の速度を考慮した「平均月時」モードを搭載しているものがあります。「平均月時」モードがない恒星時のみの赤道儀での撮影では、ISO感度を少し高く設定して露出を短めにするとよいでしょう。カメラ三脚（固定撮影）の場合は、200mmレンズでも1～2秒の露出に抑えたいものです。

皆既月食は皆既中だけでなく、部分月食や半影月食もたいへん美しい天体ショーです。また、下の写真のように、皆既食が終わっても、光がもどってきている月面の本影に近い側は、意外と赤く写ります。

光のもどりかけている皆既直後の月
皆既食だけをとらえるのではなく、一連の様子を撮影すると良い記録になります。
口径106mm 焦点距離530mm F5 屈折 露出2秒 ISO400

月食を動画で撮ろう

最近は、最高ISO感度が10万を超えるデジタルカメラもあり、手軽に月食の動画撮影が楽しめるようになりましたが、F値の明るいレンズや天体望遠鏡が撮影に適していることは相変わらず変わりません。

撮影方法は、静止画とほとんど変わりませんが、月の明るさ、色合いが刻々と変化するので、モニターを確認しながら撮影します。積極的に調整を加えるのであればマニュアルで、手軽に撮影するのであれば、露出オートの撮影がよいでしょう。

望遠レンズや天体望遠鏡で月食の動画を撮る場合は、かならず赤道儀で月を追尾する必要があります。そうしないと月はすぐに画角の外へ出ていってしまいます。

撮影前は記録メディアの容量をしっかり確認しておきましょう。

動画撮影を得意とするLUMIX GHシリーズ
パナソニックのGHシリーズなど、動画の品質がすばらしく向上したカメラも登場しています。

皆既月食
刻々と変化する月食は、動画撮影の対象に最適です。

月食の起こる頻度

皆既月食が地球上で起こる頻度は意外にも皆既日食が起こる頻度より少なく、めずらしい現象です（189ページ参照）。

ただし、皆既日食を見ることのできる範囲は、毎回一部の限られた地域で、それぞれ時間も異なるのに対して、皆既月食は、地球上の多くの地域で同じ時刻に見ることができます。

天空に煌々と輝く満月が皆既食となり、赤銅色に変化していく様子は、見ているだけでも興味深いものです。皆既月食は、広角レンズや望遠レンズ、天体望遠鏡、静止画やタイムラプス、動画撮影など、いろいろ楽しめる現象です。

また、月食中の月が欠けた状態で東の地平線から昇る月出帯食や、月が欠けた状態で西の地平線に沈む月入帯食は、地上の風景と一緒に、いつもとは風情が異なる月の様子を一緒に写し込めるので、おもしろい撮影モチーフとなります。

これから起こる月食（2030年まで）

日程	種類	備考
2017年08月08日	部分月食	日本で見える
2018年01月31日	皆既月食	日本で見える
2018年07月28日	皆既月食	日本で見える（月入帯食、一部では部分月食のみ）
2019年01月21日	皆既月食	日本で見えない
2019年07月17日	部分月食	日本の一部で見える（月入帯食）
2021年05月26日	皆既月食	日本で見える（月出帯食）
2021年11月19日	部分月食	日本で見える（月出帯食）
2022年05月16日	皆既月食	日本で見えない
2022年11月08日	皆既月食	日本で見える（一部で月出帯食）
2023年10月29日	部分月食	日本の一部で見える（月入帯食）
2024年09月18日	部分月食	日本で見えない
2025年03月14日	皆既月食	日本の一部で部分月食が見える（月出帯食）
2025年09月08日	皆既月食	日本で見える
2026年03月03日	皆既月食	日本で見える
2026年08月28日	部分月食	日本で見えない
2028年01月12日	部分月食	日本で見えない
2028年07月07日	部分月食	日本で見える（月入帯食）
2029年01月01日	皆既月食	日本で見える
2029年06月26日	皆既月食	日本で見えない
2029年12月21日	皆既月食	日本で見える（月入帯食）
2030年06月16日	部分月食	日本で見える（月入帯食）

日付は、食が最大になるときを日本時間で表わしています。
「半影月食」については掲載していません。

天体写真撮影のロケーション

より美しい星空を撮るには、2つの条件があります。一つは街からできるだけ離れること。もう一つは標高を上げる（高い場所へ行く）ことです。

しかし、近郊や街中といった明るい場所でも、撮影対象や時刻、撮影方法、機材などを工夫することで、天体写真を撮影することは可能です。時間に余裕を持って撮影場所へ出かけ、電柱・電線の有無なども含めて明るいうちにロケーションハンティング（ロケハン）をして、撮影のイメージをつかんでおくことをおすすめします。

●ベランダ・屋上

街中での撮影は、街灯りの影響で撮影対象が月や惑星などの明るい天体に限られますが、ベランダや屋上はもっとも身近で手軽に撮影ができる場所の一つです。ベランダの場合は、ベランダの向きによって撮影方角が限られますが、時間をかけて遠くへ出かけなくてもよいのは大きな魅力です。ただし、隣の建物からの熱気や排気が著しくシーイングに影響することもあります。そのような場合は深夜に撮影するなど工夫が必要です。

●公園

街中の公園は、気軽に訪れることのできる撮影ポイントの一つです。防犯上街灯も多く、暗い夜空はあまり期待できませんが、朝方・夕方の撮影や月明かりの風景、街灯や街灯りを入れた明るい天体の撮影には適しています。公園内の樹木やランドマークを入れて撮影する楽しみもあります。一方、街から離れた郊外の公園では、街灯から離れた場所なら星空を撮影することもできるでしょう。

●駐車場

山や高原の展望台や登山口の駐車場は、星空の撮影にもっとも適している場所の一つです。街灯もほとんどなく眺望が開けていて、安心して車を止めることもでき、落ち着いて撮影にのぞむことができます。車のライトを点けっぱなしにしたり大声で話したりしないなど、撮影に来ている人の迷惑にならないようにしましょう。なお、高速道路の駐車場は、照明が非常に明るく車両のヘッドライトの影響も大きいため、おすすめできません。

●公共天文施設

公共天文施設は、星の撮影にも適した場所に建っていることが多く、公開日には屋上やテラスなどで撮影をさせてもらうことができるでしょう。また、天体望遠鏡を持っていなくても、施設にある大型望遠鏡をのぞかせてもらうときに、手持ちのコンデジやスマホで月面や土星の環などを撮影することもできます。施設のスタッフからアドバイスや指導を受けられる機会もあるので、積極的に活用したいものです。

●ペンション・キャンプ場

星の観望や撮影を楽しめるペンションもおすすめです。星空が美しい環境で宿泊しながらゆったりと星と向き合うことができます。星好きのオーナーがアドバイスをくれたり、貸し出しの望遠鏡があったり、天文台を備えているところもあります。何といっても、行き帰りの時間を気にせず、一晩中自分のペースで星空を楽しむことができるのが魅力です。同じく、大自然を満喫しながらゆったりと撮影ができるキャンプ場の利用もおすすめです。

●高原

高原は標高が高いうえ街から遠く離れていることが多く、街明かりの影響も受けにくいため、透明度の高い、暗く美しい星空が魅力です。空が広く見晴らしも良いことから、広角レンズでの撮影や大地の風景を入れた構図がおすすめです。なお、遊歩道が設置されているところでは、歩道から外れないようにするなどマナーを守りましょう。また、冬期に車で出かける場合は、路面の凍結や林道の閉鎖などに注意が必要です。

●山頂

山の頂は、遮るもののない最高の眺望を提供してくれる場所です。全周魚眼レンズを使った全天写真や、雲海を入れた星空写真もねらえます。ただし高山になるほど気象条件が厳しくなるため、撮影には万全の装備でのぞむ必要があります。危険な箇所も多いので、明るいうちに到着し余裕を持ってロケハンをすませましょう。天気が急変することもあるので、近くの山小屋に宿をとると安心して撮影に専念できるでしょう。

●川・湖沼

川や湖は街中や郊外、山中などロケーションに富んでおり、その場所ならではの星空を撮影する楽しみがあります。湖は、とくに無風の状態では星や山などの地上風景が鏡のように水面に写り込む様子をとらえることができます。一方、川は流れていく様子を動的にとらえることができます。広角系のレンズで広く風景をとらえる撮影がおすすめです。水蒸気の影響を受けやすい場所ではレンズの曇り対策が必要になることも。

●海

大海原の上空に輝く星空は魅力的なものですが、撮影では注意しなくてはいけない点がいくつかあります。一番の大敵は潮風です。レンズやカメラのボディに塩分や砂塵が付着するので、撮影終了後は充分なメンテナンスが欠かせません。水平線付近の海霧や潮の影響での霞み、沖合を通る船の航跡の写り込み、灯台の光の影響も受けますが、それを逆手にとれば海ならではの雰囲気の写真を撮ることができるでしょう。

●船上

船上からの撮影は、船がつねに揺れているためたいへんむずかしく、シャッターを数秒以上開けなければいけない夜の撮影はほぼ不可能です。しかし、薄明時や朝焼け・夕焼けの時間帯は、月や惑星や明るい星を撮影することも可能です。航海中の決まりでつねに暗い船の舳先で広大な大海原の風景とともに撮影したいものです。なお、停泊している状態では揺れも比較的少ないので、撮影にチャレンジしてみるのもよいでしょう。

●機上

夜間飛行の窓の外に、満天の星が広がっている風景を見たことがある人もいるのではないでしょうか。機内の照明が暗くなったら撮影のチャンス。揺れているときはむずかしいですが、空中をすべるように静かに飛んでいるときに、絞りを開放にし、ISO感度を高く設定、短めの露出でシャッターを切ってみてください。機内の明かりの反射が写り込まないようにカメラのレンズ以外の部分をしっかりと覆い隠すのがコツです。

夜空の明るさ

天体写真を撮影するとき、写り方に影響をおよぼす要因の一つとして、夜空の明るさがあげられます。夜空の明るさは星明かりや月明かり、薄明・薄暮などの自然に起因するものと、街灯やグラウンドの照明といった人工的な光に起因するものとに分けられます。自然光は印象的に大地を浮かび上がらせたり、天空を青っぽく染めたりと、写真の雰囲気に良い効果をもたらすことも多くありますが人工光は夜空を明るくし、自然光をかき消したり、夜空の色を変えてしまったりとマイナス要因が多大です。

●星明かり

星明かりは夜天光の一つで、星野光ともいわれます。街灯りが氾濫している日本ではなかなか感じることがむずかしいですが、街から遠く離れた高い山に囲まれた谷など、星明かりを実感できる場所もまだまだあります。海外に目を向けると、大気の透明度が抜群の南半球などでは、満天の星や天の川で、大地に自分の影が映るほどの星明かりを実感することができるでしょう。

●月明かり

月はおよそ29日で満ち欠けを繰り返しているため、月明かりの明るさは日に日に変わります。もっとも月明かりが明るいのは満月の夜で、暗い星座の形がわからなくなるほど夜空を明るく照らします。一方で新月のときは太陽の方向に月があることから月明かりがない夜空が広がります。新月前後の3日ほどは月が細いうえ、日の出前に昇ってくるか日没後早く沈んでしまうので、月明かりを感じることはほとんどありません。

●薄明・薄暮

薄明や薄暮は、日没後または日の出前の空が薄明るいときのことで、太陽光が大気中の塵に散乱することで起こります。季節によって日没や日の出の時間は変わるため、薄明・薄暮もそれにともない始まりや終わりの時刻が変化していきます。また、緯度が変わるとその長さも変わります。赤道付近では太陽が垂直に沈むのでその時間は短くなります。緯度が高いと太陽の沈む確度が浅くなり、より長く続くことになります。

●街灯

星を見たり撮影したりするとき、もっとも影響をおよぼす人工光は身近にある街灯でしょう。一晩中消えることがなく、消すこともできないので、余計に影響が多大です。光源としては蛍光灯、水銀灯、ナトリウム灯などがあり、その波長はさまざまですが、写真への影響をなくすことは不可能です。最近では白色LEDを使った街灯が急速に普及し、夜空の明るさを増大させる結果になっていて危惧するところです。

●遠くの街灯り

遠くの街灯りは、光源そのものは見えませんが、非常に多くの光源によって上空に光が広がり、大気中の塵によって光が散乱し低空がぼんやりと明るく見えています。このように人工光が夜空を明るくし星が見えなくなったりする公害を「光害」といいます。光害は人間の社会的活動が静かになってくる22時くらいを境に徐々に弱くなり、明け方になるにしたがって空気の透明度も上がり、もっとも影響が少なくなります。

天体写真撮影での海外遠征

海外遠征の魅力は、国外の新鮮な空気を吸いながら、緯度が異なる地域で、日本では見られない星空に出会えることです。また、日食や月食、突発的な彗星や流星群の出現など、国内にいては遭遇できない天文現象のために出かける機会もあるでしょう。加えて、その国や土地ならではの風景とともに星空を撮影できるのも魅力です。たとえば南半球（オセアニアや南米など）の透明度が抜群に良いところでは、真っ白に輝く天の川や星明かりを体験することができます。撮影に直接は関係ないですが、その国の文化や食に触れることもまた楽しみの一つです。

海外遠征の渡航手段としては、飛行機の利用が一般的です。遠征となると機材など荷物が多くなりがちですが、預け荷物や機内持ち込みの手荷物にも重量制限がありますので、持っていくものは充分考えてセレクトし、スーツケースに効率よくパッキングする工夫も必要です。なお、航空会社によって規定が違いますので、事前にかならず調べましょう。また、同じ目的地に行く場合でも、直行便や経由便、航空会社によって運賃はさまざまです。コストを抑えたい人は、早期予約割引やセール料金、LCCを利用する手もありますが、何かトラブルがあった際にあまり融通がきかないなど、ある程度のリスクもあることを頭に入れておきましょう。

なお、渡航時にかならず確認・手配しなくてはいけないのが、渡航ビザが必要かどうかです。アメリカのESTA、オーストラリアのETASといった手続きは搭乗前にすませておかないと入国できないので注意が必要です。加えて、旅の途中でのトラブルに備え、やはり海外旅行保険への加入もしておいたほうがよいでしょう。

持っていく荷物の大きさ・重さは人それぞれ。海外遠征ともなるとあれもこれもと考えてしまいますが、無理のないように。

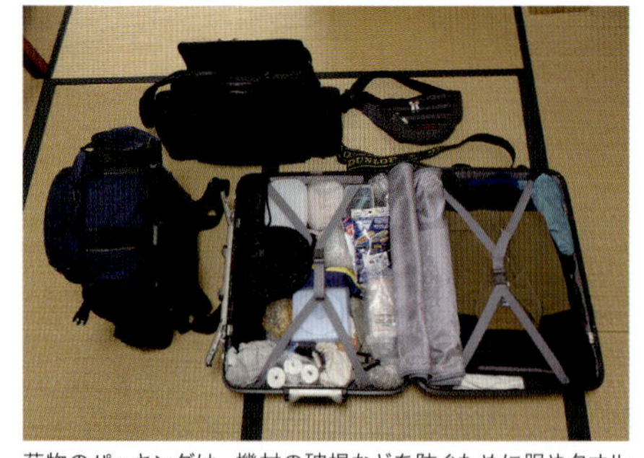

荷物のパッキングは、機材の破損などを防ぐために服やタオルなどをうまく利用しましょう。少なくとも出発前日にはすませておきたいもの。

星空撮影ツアーのひとコマ。ニュージーランド南島テカポ郊外のマウント・ジョン山頂にて。薄明の中にシャッター音が響きます。

出かけよう、と思ったときからすでに旅は始まっています。目的を明確にし、スケジュールをしっかり立てるなど旅の準備も大切です。宿は、到着日や帰国前日の分は、最低限予約をしていきたいものです。一般のホテルのほかに、B&Bやモーテルなども利用しやすい宿泊施設でおすすめです。旅程に余裕があればファームステイやホームステイを現地で手配するのも一案です。

現地での足も事前に確保しておきましょう。機材が多い天体写真撮影では、レンタカー利用が便利です（ただし一部の国ではレンタカーが利用できない場合があります）。なお、海外でレンタカーを利用する場合は、基本的に国際免許証が必要となります。しっかり保険をかけることも忘れずに。レンタカー以外の移動手段としては、長距離バスや列車なども利用できます。

現地では余裕を持ったスケジュールを立て、初めて訪れる場所では下見やロケハンを明るいうちにすませましょう。海外では、緊張の中にもふっと気持ちがゆるむ瞬間があります。貴重品や機材から目を離さず、スリや置き引きなどの盗難には充分な注意を払いましょう。出発前に治安など現地情報を外務省のホームページなどから入手しておきましょう。

なお、個人での海外遠征が不安という人は、日食観測や星空の撮影をメインとしたツアーに参加するのも一つの手です。

天体写真撮影を楽しむために

最後に、撮影をするうえで覚えておきたいことや注意点をまとめておきましょう。

各季節の星空の特徴

春：春の空は霞がかかりやすく、透明度の良い夜は意外と少ない。条件が良いときは逃さず撮影したいもの。また平地では春の陽気でも山や高原はまだ冬の装いであることが多いのを忘れずに。

夏：夏は蚊の対策が欠かせない。虫よけスプレー、長袖の服の着用など快適に撮影ができる工夫を。夏とはいえ高所は冷え込むので上着の用意は必須。一年でもっとも夜が短いので時間は有効に活用すること。

秋：秋は空気が澄んできて星空が美しくなる季節。日に日に夜が長くなってくるのもうれしい。秋も深まると山や高原では気温が氷点下まで下がることがあるため、レンズの霜対策が必要になってくる。

冬：もっとも夜空の透明度が高い冬。防寒対策を万全に撮影にのぞもう。山道の路面凍結や、積雪時には無理をせず慎重な運転を心がけること。林道などの通行止め情報は、出かける前にチェックを。

観天望気の大切さ

日ごろから天気を気にする習慣をつけよう。天気予報に頼るだけでなく、自ら天気を予測できるようにするのが大事。

天文現象の情報チェックを怠らない

これから起こる天文現象のチェックは欠かさずに。天文雑誌やインターネットを有効に活用しよう。

撮影シミュレーションも大切

天文シミュレーションソフトやGoogle Earthなどを活用して、出かける前に星空の様子や撮影地の様子をイメージしてみよう。

機材のメンテナンスを忘れずに

カメラボディやレンズは定期点検を欠かさず行なうこと。イメージセンサーのローパスフィルターの洗浄は自分でもできるがメーカーにお願いするのが確実。天体望遠鏡も使い終わったらレンズや反射鏡をクリーニングし、何年かに一度はメーカーで点検を。また、家での保管時はレンズにカビが生えたりしないよう乾燥剤を利用するなど、機材の扱いていねいに。

持ち物リストを作ろう

撮影に必要な持ち物のチェックリストを作るのがおすすめ。遠方の撮影地についてから忘れ物に気付いても、あとの祭り。

ロケハンはしっかりと

安全のため、また立ち入ってはいけない

オーストラリア・チラゴーの真っ白に輝くミルキーウェイの下にて。今夜も至福の時が流れていきます。

場所に入ったりしないよう、撮影地には早めに着いて下見やロケハンをすませよう。

つねに天空に気を配る

火球など、決定的な瞬間はいつ現われるかわからない。シャッターチャンスを逃さないよう、天空につねに気を配ろう。

カメラの設定時刻は正確に

デジタルカメラの設定時刻は、つねに正確に設定しておこう。天文現象が起きた時刻や流星の流れた時刻の正確な記録は、貴重なデータとして有用だ。

手元照明に工夫を

首から小さなLEDライトを下げ、どうしても必要なときにだけ周りに光が漏れないよう手で覆い隠しながら作業するようにしよう。自分が誰かの「光害」になるようなことはしないように。懐中電灯やヘッドライトを振り回すような真似は論外だ。

撮影地ではマナーを守ろう

近くに自分と同じように撮影している人がいる場合は、車を止めたら車のライトを消し、車内の照明もOFFにするなどの配慮を。むやみに畑や田んぼに立ち入ったり、夜間の大声もNG。ゴミは必ず持ち帰ろう。

以上のことを大切に、天体写真撮影を楽しんでください。

牛山俊男（うしやま・としお）

自然写真家・環境カウンセラー。1961年長野県生まれ。1999年から自然写真家として活動を開始。星空風景を中心としたネイチャーフォトによる講演会や映像ライブなどを開催。八ヶ岳、南アルプス、奥秩父、富士山周辺がおもな撮影フィールド。著書に『デジタルカメラによる星空の撮り方』『写真でつづる四季の星空』（いずれも誠文堂新光社）がある。また、「月刊天文ガイド」（誠文堂新光社）『小学館の図鑑NEO星と星座』などに多くの写真を提供している。

カバーデザイン：川畑工房
DTP：プラスアルファ
協力：株式会社ニコンイメージングジャパン、キヤノンマーケティングジャパン株式会社、オリンパス株式会社、ソニー株式会社、パナソニック株式会社、リコーイメージング株式会社、株式会社ビクセン、株式会社高橋製作所、株式会社サイトロンジャパン、株式会社ケンコー・トキナー、及川聖彦、渡辺和郎、米山誠一、青柳敏史、中野博子、戸島璃葉

星・月・太陽、天体別機材選びから徹底解説
天体写真の教科書 NDC440

2017年4月17日　発　行

著　者　牛山俊男
発行者　小川雄一
発行所　株式会社 誠文堂新光社
〒113-0033 東京都文京区本郷3-3-11
（編集）電話 03-5805-7761
（販売）電話 03-5800-5780
http://www.seibundo-shinkosha.net/

印刷所　株式会社 大熊整美堂
製本所　和光堂 株式会社

ISBN978-4-416-51760-4